高等学校计算机基础教育教材

大学计算机基础

李　洁　许　青　张金文　主　编

吴志坚　顾大权　副主编

清华大学出版社

北京

内 容 简 介

本书内容主要包括计算思维与计算模型、计算机系统、信息编码与数据表示、操作系统、计算机网络、数据管理与信息处理、多媒体信息处理、信息与社会以及 Office 2019。本书将计算机相关知识融入计算思维中,深入浅出,思路清晰。

本书可作为高等学校各专业大学计算机基础课程的教材。

图书在版编目(CIP)数据

大学计算机基础/李洁,许青,张金文主编.—北京:清华大学出版社,2021.8 (2024.8重印)
高等学校计算机基础教育教材
ISBN 978-7-302-58685-2

Ⅰ.①大… Ⅱ.①李…②许…③张… Ⅲ.①电子计算机—高等学校—教材 Ⅳ.①TP3

中国版本图书馆 CIP 数据核字(2021)第 145166 号

责任编辑:袁勤勇 常建丽
封面设计:常雪影
责任校对:徐俊伟
责任印制:曹婉颖

出版发行:清华大学出版社
　　　网　　　址:https://www.tup.com.cn,https://www.wqxuetang.com
　　　地　　　址:北京清华大学学研大厦 A 座　　　　邮　　　编:100084
　　　社　总　机:010-83470000　　　　　　　　　　邮　　　购:010-62786544
　　　投稿与读者服务:010-62776969,c-service@tup.tsinghua.edu.cn
　　　质量反馈:010-62772015,zhiliang@tup.tsinghua.edu.cn
　　　课件下载:https://www.tup.com.cn,010-83470236
印　装　者:三河市人民印务有限公司
经　　　销:全国新华书店
开　　　本:185mm×260mm　　　印　　张:11.25　　　字　　数:264 千字
版　　　次:2021 年 8 月第 1 版　　　　　　印　　次:2024 年 8 月第 6 次印刷
定　　　价:39.00 元

产品编号:085299-01

前言

　　大学计算机基础是当今高等学校的第一门计算机公共基础课程,自 2008 年开始,以"计算思维"的培养为主线开展计算科学通识教育,逐渐成为国内外计算机基础教育界的共识。

　　为深入贯彻党的二十大会议精神,全面贯彻党的教育方针,落实立德树人根本任务,培养德智体美劳全面发展的社会主义建设者和接班人,本书依据大学计算机基础课程教学基本要求,根据当前学生的实际情况,结合一线教师多年的教学经验编写而成。全书共 9 章。

　　第 1 章 计算思维与计算模型,主要介绍计算思维的本质、计算思维的特征、计算工具的发展,以及两个计算模型——有穷自动机和图灵机。

　　第 2 章 计算机系统,主要介绍计算机的发展、计算机的基本工作原理、计算机的硬件系统和软件系统。

　　第 3 章 信息编码与数据表示,主要介绍计算机中的数制、不同数制之间的转换、数值数据在计算机中的表示、二进制数的运算,以及常用的信息编码。

　　第 4 章 操作系统,主要介绍操作系统的定义、操作系统的功能、9 种常见的操作系统,以及日常生活中最常用的 Windows 10 操作系统的基本操作。

　　第 5 章 计算机网络,主要介绍计算机网络的概念、功能、分类、拓扑结构,计算机网络的体系结构,以及 Internet 应用。

　　第 6 章 数据管理与信息处理,主要介绍数据库的基本概念、数据模型、关系数据模型、关系代数和关系数据库的标准语言——SQL。

　　第 7 章 多媒体信息处理,主要介绍多媒体技术的基本概念、多媒体文件格式及标准、多媒体数据的处理技术与存储技术,以及虚拟现实技术的发展历史、分类、特征、应用等。

　　第 8 章 信息与社会,主要介绍信息技术的发展和应用、信息安全基本保障技术和保障体系、信息安全法规与社会责任、计算机新技术。

　　第 9 章 Office 2019,简单介绍 Office 2019 办公软件的功能,分别讲解了 Word 2019、Excel 2019、PowerPoint 2019 各自的功能。

　　本书内容充实、通俗易懂,既注重基础理论,又突出实用性,能够反映计算机科学与技术领域的最新科技成果,可作为高等学校各专业大学计算机基础课程的教材。

编　者

2022 年 12 月

目录

第 1 章 计算思维与计算模型

计算思维被认为是除理论思维、实验思维外,人类应具备的第三种思维方式。计算思维可通过计算机科学基本知识和应用能力的学习而得以理解和掌握。随着智能信息处理设备及网络的发展,当代社会中人们不知不觉地融入了信息世界。计算机对信息和符号的快速处理能力,使得许多原本只是理论可以实现的过程变成了实际可以实现的过程。当计算思维真正融入人类活动的整个过程时,它作为一个有效的解决问题的工具,人人都应当掌握。

1.1 计 算 思 维

计算思维是指计算机、软件及计算相关学科的科学家和工程技术人员的思维方法。2006 年,美国卡内基梅隆大学的周以真教授提出"计算思维"的概念,即计算思维是运用计算科学的基础概念进行问题求解、系统设计及人类行为理解等涵盖计算机科学之广度的一系列思维活动,其本质是抽象和自动化,即在不同层面进行抽象,并将这些抽象机器化。计算思维的目的是让人们能够像计算机科学家一样思考,将计算技术与各学科的理论、技术与艺术融合从而实现创新。

1.1.1 思维和思维过程

认识世界和改造世界是人类创造历史的两种基本活动。认识世界是为了改造世界,要有效地改造世界,就必须正确地认识世界。而在认识世界和改造世界的过程中,思维和思维过程占有重要位置。

思维是通过一系列比较复杂的操作来实现的。人们在头脑中,运用存储在长时记忆中的知识经验,对外界输入的信息进行分析、综合、比较、抽象和概括的过程就是思维过程(或称为思维操作)。思维过程主要包括以下几个环节。

1. 分析与综合

分析是指在头脑中把事物的整体分解为各个部分或各种属性,事物分析往往是从分析事物的特征和属性开始的。综合是指在头脑中把事物的各个部分、各个特征、各种属性通过它们之间的联系结合起来,形成一个整体。综合是思维的重要特征,通过综合能够把握事物及其联系,抓住事物的本质。

2. 比较

比较是在头脑中把事物或现象的个别部分、个别方面或个别特征加以对比,确定它们之间的异同和关系。比较可以在同类事物和现象之间进行,也可以在不同类型但具有某种联系的事物和现象之间进行。当事物或现象之间在性质、数量、形式、质量上存在差异时,常运用比较的方法认识这些事物和现象。

比较是在分析与综合的基础上进行的。为了比较某些事物,首先,要对这些事物进行分析,分解出它们的各个部分、个别属性和各个方面。其次,把它们相应的部分、相应的属性和相应的方面联系起来加以比较(实际上就是综合)。最后,找出并确定事物的相同点和差异点。因此,比较离不开分析综合,而分析综合又是比较的组成部分。

3. 抽象与概括

抽象是在头脑中抽取同类事物或现象的共同的、本质的属性或特征,并舍弃其个别的、非本质特征的思维过程。概括是在头脑中把抽象出来的事物或现象的共同的本质属性或特征综合起来并推广到同类事物或现象中的思维过程。通过这种概括,人们可以认识同类事物的本质特征。

1.1.2 计算思维的本质

计算思维的本质是抽象和自动化,前者对应着建模,后者对应着模拟。抽象就是忽略一个主题中与当前问题(或目标)无关的那些方面,以便更充分地注意与当前问题(或目标)有关的方面。

计算思维虽然具有计算机科学的许多特征,但是计算思维本身并不是计算机科学的专属。实际上,即使没有计算机,计算思维也会逐步发展。但是,正是计算机的出现,给计算思维的研究和发展带来了根本性的变化。什么是计算?什么是可计算?什么是可行计算?计算的复杂性是对人类智力的巨大挑战。对这些计算机科学的根本问题的研究不仅推进了计算机的发展,也推进了计算思维本身的发展。在这个研究过程中,一些属于计算思维的特点被逐步揭示出来,计算思维与实证思维、逻辑思维的差别越来越清晰化。计算思维的概念、结构和格式等变得越来越明确,计算思维的内容不断得到丰富和发展。计算机的出现丰富了人类改造世界的手段,同时也强化了原本存在于人类思维中的计算思维的意义和作用。

1.1.3 计算思维的特征

计算思维具有以下 6 个特征。

(1) 计算思维是概念化,不是程序化。计算机科学不等于计算机编程,所谓像计算机科学家那样去思维,其含义也远远超出计算机编程,还要求能够在多个抽象层次上进行思维。

（2）计算思维是根本的，不是刻板的技能。计算思维作为一种根本技能，是现代社会中每个人都必须掌握的。刻板的技能只意味着机械地重复，但计算思维不是这类机械重复的技能，而是一种创新的能力。

（3）计算思维是人的思维方式，而不是计算机的思维方式。计算思维是人类求解问题的重要方法，而不是要让人像计算机那样思考。计算机是一种枯燥、沉闷的机械装置，而人类具有智慧和想象力。人类赋予计算机激情。有了计算设备的支持，人类就能用自己的智慧解决那些在计算时代之前不敢尝试的问题，可以充分利用这种力量解决各种需要大量计算的问题，达到"只有想不到，没有做不到"的境界。

（4）计算思维是数学和工程思维的互补与融合。计算机科学在本质上源自数学思维，因为像所有的科学一样，其形式化基础建筑于数学之上。计算机科学又从本质上源自工程思维，因为建造的是能够与实际世界互动的系统。计算思维比数学思维更加具体、更加受限。由于受到底层计算设备和运用环境的限制，计算机科学家必须从计算角度思考，而不能只从数学角度思考。同时，计算思维比工程思维有更大的想象空间，可以运用计算技术构建出超越物理世界的各种系统。

（5）计算思维是思想，不是人造物。计算思维不仅体现在人们日常生活中随处可见的软件、硬件等人造物上，更重要的是该概念还可以用于求解问题、管理日常生活、与他人交流和互动等。

（6）计算思维面向所有的人，所有地方。当计算思维真正融入人类活动，成为人人都掌握、处处都会被使用的问题求解的工具，甚至不再表现为一种显式哲学的时候，计算思维就成为一种现实。

计算思维是人类思维与计算机能力的综合。随着计算机科学与技术的发展，在应用上，计算机不断渗入社会各行各业，深刻改变着人们的工作和生活方式；在科学研究上，计算机在各门学科中的影响也已初见端倪。计算的概念广泛存在于科学研究和社会日常活动中，计算已经无处不在，计算思维正在发挥越来越重要的作用。

1.1.4　计算思维与各学科的关系

众所周知，计算思维对计算机相关学科的影响不言而喻，它还与其他学科相结合，促进其他学科的研究和创新，同时为各学科专业人才提供了计算手段。

1. 应用计算手段促进各学科的研究和创新

各学科应用计算手段进行研究和创新，其将成为未来各学科创新的重要手段。

例如，3D打印技术可以生产机械设计的模型；生物科学利用计算机技术进行各种计算、药物研制等；自行车行业利用计算机和互联网技术产生了 ofo、美团单车等。

2. 各学科创新自己的新型计算手段

各学科除利用已有的计算手段外，还可以研究支持本学科创新和研究的新型计算手段。例如，从事音乐创作的人可以研发创作音乐的计算机软件；从事建筑设计的人可以研发建筑设计的辅助软件；从事电影艺术研究的人可以研发视频编辑和动画设计的软件等。

3. 计算思维可以帮助培养各专业的人才

各专业的学生可以学习很多计算手段的应用和技能，如 Office、Photoshop 等各种软件工具，利用其解决一些实际问题。但是如果学生只掌握这些软件工具，而不掌握计算思维，那么在未来就不能融会贯通、自我学习专业所需要的新软件工具，也将缺乏使用计算工具进行创新的能力。各专业的学生只要掌握了计算思维能力，就可以自学各种新软件工具，甚至创新本专业的计算手段。

1.2　计算工具的发展

在人类发展的历史长河中，人们一直在研究高效的计算工具来满足实际的计算需求，因此，计算和计算工具是息息相关的，两者相互促进。

1. 古代计算工具

中国古代的数学是一种计算数学，远在商代，中国人就已广泛应用十进制计数方法。公元前 5 世纪，中国人已开始用算筹作为计算工具并在公元前 3 世纪得到普遍采用。后来，人们在算筹基础上发明了算盘。算盘通过算法口诀化，加快了计算速度，在 14～15 世纪得到普遍采用，并流传到海外成为一种国际性计算工具。

除中国外，其他国家也有各式各样的计算工具发明，如罗马人的"算盘"，古希腊人的"算板"，印度人的"沙盘"，英国人的"刻齿本片"等。这些计算工具的原理基本相同，都是通过某种具体物体来代表数值，并利用对物件的机械操作来进行运算。

2. 近代计算工具

近代科学发展促进了计算工具的进一步发展，出现了以下几种常见的计算工具。

① 比例规。伽利略发明的"比例规"是利用比例原理进行乘除比例等计算，其外形像圆规，两脚上各有刻度，可任意开合。

② 纳皮尔筹。纳皮尔筹的计算原理来源于 15 世纪后流行于中亚、西亚及欧洲的"格子算法"，不同之处在于，纳皮尔筹把格子和数字刻在"筹上"（长条竹片或木片）根据需要拼凑起来进行计算。

③ 计算尺。计算尺又称对数计算尺。1614 年，对数被发明以后，乘除运算可以转化为加减运算，对数计算尺便是依据这一特点设计的。此后，奥特雷德发明了有滑尺的计算尺，并制成了圆形计算尺。

④ 机械式计算机。机械式计算机与计算尺几乎同时出现，是计算工具的一大发明。席卡德最早构思出机械式计算机，但并没有成功制成。B.帕斯卡于 1642 年成功发明第一部能计算加减法的计算机。自此以后，经过多年研究，出现了多种多样的手摇计算机。

3. 现代计算机的产生与发展

20 世纪以来，电子技术与数学的发展，为现代计算机的产生与发展提供了物质基础，数学的发展又为设计及研制新型计算机提供了理论依据。自此，人们对计算工具的研究进入一个新的阶段。

① 阿塔纳索夫-贝利计算机。1847 年,计算机先驱、英国数学家查尔斯·巴贝奇(Charles Babbage)开始设计机械式差分机,总体设计耗时 2 年,这台机器可以完成 31 位精度的运算并将结果打印到纸上。因此,人们普遍认为它是世界上第一台机械式计算机。

阿塔纳索夫-贝利计算机是电子与电器的结合,电路系统装有 300 个电子真空管,用于执行数字计算与逻辑运算,机器采用二进制计数方法,使用电容器进行数值存储,数据输入采用打孔读卡方法。可以看出,阿塔纳索夫-贝利计算机已经包含了现代计算机中 4 个最重要的基本概念,从这个角度讲,它已具备了现代计算机的基本特征。客观地说,阿塔纳索夫-贝利计算机正好处于模拟计算向数字计算的过渡阶段。

阿塔纳索夫-贝利计算机的产生具有划时代的意义,与以前的计算机相比,阿塔纳索夫-贝利计算机具有以下特点:采用电能与电子元件,当时为电子真空管;采用二进制计数,而非通常的十进制计数;采用电容器作为存储器,可再生且能避免错误;进行直接的逻辑运算,而非通过算术运算模拟。

② ENIAC。1946 年,美国宾夕法尼亚大学成功研制了专门用于火炮弹道计算的大型电子数字积分计算机(ENIAC)。ENIAC 完全采用电子线路执行算术运算、逻辑运算和信息存储,运算速度比继电器计算机快 1000 倍。

虽然 ENIAC 的产生具有划时代的意义,但其不能存储程序,需要用线路连接的方法来编排程序,每次解题时的准备时间大大超过实际计算时间。

③ 现代计算机的发展。英国剑桥大学数学实验室于 1949 年成功研制基于存储程序式通用电子计算机方案(该方案由冯·诺依曼领导的设计小组于 1945 年制定)的现代计算机——电子离散时序自动计算机(EDSAC)。至此,电子计算机开始进入现代计算机的发展时期。

1.3 计 算 模 型

计算机,俗称电脑,是现代一种用于高速计算的电子计算机器,可以进行数值计算,又可以进行逻辑计算,还具有存储记忆功能。现实的计算机相当复杂,很难直接对它建立一个易于处理的数学理论,因此采用被称作计算模型的理想计算机。与科学中的任何模型一样,一个计算模型准确地刻画了某些情况,而对另外一些情况可能刻画得并不准确。下面介绍两个计算模型:一个是最简单的模型,称为有穷自动机;另一个是通用模型,称为图灵机。

1.3.1 有穷自动机

有穷自动机又称为有穷状态机,是存储量极其有限的计算机的很好的模型。一台计算机用如此小的存储能做什么呢? 答案是:能做很多有用的事情! 事实上,人们时时刻刻都要和这样的计算机打交道,因为它们存在于各种各样的机电设备的核心部位。

自动门的控制器就是这种设备,当检测到有人正在靠近时,自动门就会打开。自动门在前面有一个缓冲区,用来检测是否有人想进来。在门的后面还有一个缓冲区,使得控制器把门打开足够长的时间让人走进来并且不让门在打开的时候碰到站在它后面的人。

自动门的控制器只有两个状态,即开和关;有 4 种可能的输入,即门前面的缓冲区内有人、门后面的缓冲区内有人、前后缓冲区内都有人、前后缓冲区都没人。控制器根据它接收的输入从一个状态转移到另一个状态,例如当它处于状态"关"且接收到输入"前后缓冲区都没人"时,它仍处于"关"的状态,但当接收到输入"门前面的缓冲区内有人",它会转移到"开"的状态。

自动门的控制器是一台只有一位存储的计算机,能够记录控制器处于两个状态中的某一个状态。另外,一些公用设备的控制器具有稍微大些的存储,例如在电梯的控制器中,状态能够表示电梯所在的楼层,而输入则是从按钮接收到的信号,这台计算机可能需要若干位存储来记住这些信息。

一台有穷自动机由以下 5 个部分组成:状态集、输入字母表、动作规则、起始状态、接受状态集。输入字母表指明所有允许的输入符号;动作规则表明根据输入符号从一个状态到另一个状态的规则,常用转移函数定义,记作 δ。如果有穷自动机有从状态 x 到状态 y 标有输入符号 1 的箭头,这表示当它处于状态 x 时读到 1,则转移到状态 y。

图 1-1 描述了一个有穷自动机 M_1。M_1 有 3 种状态,分别记作 q_1、q_2、q_3。起始状态 q_1 用一个指向它的无出发点的箭头标示,接受状态 q_2 带有双圈。从一个状态指向另一个状态的箭头称为转移。

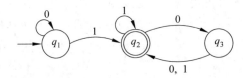

图 1-1 一台有 3 种状态的有穷自动机 M_1

处理开始时,M_1 处于起始状态 q_1。自动机从左至右一个接一个地接收输入串的所有符号。读到一个符号之后,M_1 沿着标有该符号的转移从一个状态移动到另一个状态。当读到最后一个符号时,M_1 产生出它的输出。如果 M_1 现在处于一个接受状态,则输出为接受;否则,输出为拒绝。

【例 1-1】 把输入串 1101 提供给图 1-1 中的有穷自动机 M_1,观察其如何进行处理。

处理的步骤如下:
① 开始时处于状态 q_1。
② 读到 1,沿着转移从 q_1 到 q_2。
③ 读到 1,沿着转移从 q_2 到 q_2。
④ 读到 0,沿着转移从 q_2 到 q_3。
⑤ 读到 1,沿着转移从 q_3 到 q_2。
⑥ 输出接受,因为在输入串的末端 M_1 处于接受状态 q_2。

1.3.2　图灵机

虽然有穷自动机是对小存储量设备比较好的模型,但由于其过于局限,因此不能作为计算机的通用模型。现在介绍一个能力强大得多的模型,即由图灵(Alan Turing)于1936 年首次提出的图灵机。图灵机与有穷自动机相似,但不同之处在于其有一个无限存储。图灵机是一种精确得多的通用计算机模型,它能做实际计算机能做的所有事情。

图灵机用一个无限长的磁带作为无限存储,它有一个读写头,这个读写头能在磁带上读、写和移动,如图 1-2 所示。开始时,磁带上只有输入串,其他地方都是空的。如果需要保存信息,它将这个信息写在磁带上;为了读已经写下的信息,它将读写头移动到这个信息所在的地方。机器不停地计算,直到产生输出为止。图灵机事先被设置了"接受"状态和"拒绝"状态,如果进入这两种状态,就产生输出接受或拒绝;如果不进入任何接受或拒绝状态,就继续执行下去,永不停止。

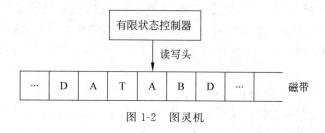

图 1-2　图灵机

图灵机由状态集、输入字母表、带字母表、转移函数、起始状态、接受状态、拒绝状态 7个部分组成。其中,转移函数说明了机器是怎样从一步走到下一步的,是图灵机定义的核心;输入字母表不包括特殊空白符号的集合;带字母表则包括特殊空白符号的集合。

图灵机 M 的计算方式如下:开始时,M 以最左边的 n 个磁带方格接受输入,磁带的其余部分是空白(即填以空白符),因为输入字母表中不含空白符,所以出现在磁带上的第一个空白符表示输入的结束。读写头从磁带最左边的方格开始运行,根据转移函数所描述的规则进行计算,计算一直持续到它进入接受或拒绝状态,此时停机;如果二者都不发生,则 M 永远运行下去。

【例 1-2】　有图灵机 M_1,检查语言 B＝$\{w\sharp w\,|\,w\in\{0,1\}\}$ 的成员关系,即确定这个输入是否包含由符号 ♯ 分开的两个相同的字符串。

图灵机 M_1 的读写头可以在 ♯ 两边对应的位置上来回移动,每一次匹配 ♯ 两边的一对字符,为了跟踪哪些字符已经被检查过,M_1 消去已检查过的符号。如果所有符号都已被消去,就意味着所有匹配都成功,M_1 进入接受状态;如果它发现一个不匹配的符号,就进入拒绝状态。因此,M_1 的算法如下:

M_1＝"对于输入字符串 w:

① 扫描输入,确认其包含的 ♯ 符号只有一个,否则拒绝。

② 在 ♯ 两边对应的位置上来回移动,检查这些对应位置是否包含相同的符号。如果不是,则拒绝。为跟踪对应的符号,消去所有检查过的符号。

③ 当♯左边的所有符号都被消去时,检查♯右边是否还有符号,如果是,则拒绝;否则接受。"

【例 1-3】 有图灵机 M_2,它识别的语言是所有由 0 组成、长度为 2 的方幂的字符串,即它判定语言 $A = \{0^{2^n} \mid n \geqslant 0\}$。

$M_2 = $ "对于输入字符串 w:

① 从左往右扫描整个磁带,隔一个消去一个 0。

② 如果在第一步之后,磁带上只剩下唯一的一个 0,则接受。

③ 如果在第一步之后,磁带上包含不止一个 0,并且 0 的个数是奇数,则拒绝。

④ 让读写头返回磁带的最左端。

⑤ 转到第①步。"

每重复一次第①步,就消去了一半个数的 0,由于在第①步中,机器扫描了整个磁带,故它能够知道它所看到的 0 的个数是奇数还是偶数。如果看到的 0 的个数是大于 1 的奇数,则输入中所含的 0 的个数不可能是 2 的方幂,此时机器就拒绝;但是,如果看到的 0 的个数是 1,则输入中所含的 0 的个数肯定是 2 的方幂,此时机器就接受。

其他形式的图灵机还有很多,例如有多个磁带的或非确定性的,它们都被称为图灵机模型的变形。原来的模型与它所有合理的变形都有着同样的能力,都能识别同样的语言类。

多带图灵机很像普通图灵机,只是有多个磁带,每个磁带都有自己的读写头,用于读和写。开始时,输入出现在第一个磁带上,其他的磁带都是空白的,转移函数改为允许同时进行读、写和移动读写头。

非确定性图灵机在计算的任何时刻,可以在多种可能性中选择一种继续进行,其计算是一棵树,不同分支对应着机器不同的可能性,如果计算的某个分支导致接受状态,则接受该输入。

表面看来,图灵机的计算功能似乎很弱。但如果提供足够的时间(允许计算到足够多的步数)及足够多的空间(允许使用足够长的磁带),则其力量是非常强的,足以代替目前的任何计算机。

图灵机器的计算对时(计算步长)空(磁带长度)是不加限制的,然而,现实世界对时空的限制却是必不可少的。假设对一个长为 1000 的输入字要计算 2^{1000} 步,这在当今的大型计算机乃至可以想象的将来的计算机上都办不到。因此,自 20 世纪 60 年代起,对时空受限的图灵机理论发展起来,形成了今天的计算机复杂性理论分支。

本 章 小 结

1. 计算思维是运用计算科学的基础概念进行问题求解、系统设计及人类行为理解等涵盖计算机科学之广度的一系列思维活动,其本质是抽象和自动化,即在不同层面进行抽象,并将这些抽象机器化。

2. 思维过程主要包括以下几个环节:分析与综合、比较、抽象与概括。

3. 计算思维具有 6 个特征：计算思维是概念化，不是程序化；计算思维是根本的，不是刻板的技能；计算思维是人的思维方式，而不是计算机的思维方式；计算思维是数学和工程思维的互补与融合；计算思维是思想，不是人造物；计算思维面向所有人、所有地方。

4. 有穷自动机又称为有穷状态机，是存储量极其有限的计算机模型。

5. 图灵机是一种通用的计算机模型。

习　　题

1. 计算思维对日常生活和工作学习有什么影响？

2. 举例说明计算技术的发展如何促进了人类思维的变化？

3. 综合计算机在不同行业的应用，谈谈各行业是怎样应用计算机的，解决了什么问题。

4. 根据你掌握的知识，列举 1～2 个有计算的解的问题，并给出其计算的解。

第 2 章 计算机系统

一个完整的计算机系统由硬件系统和软件系统两大部分组成,它们协同工作来运行应用程序。硬件包括中央处理器、存储器、输入设备和输出设备;软件包括系统软件和应用软件。虽然系统的具体实现方式随着时间不断变化,但是系统内在的概念却没有改变,所有计算机系统都由相似的硬件和软件组成,它们又执行着相似的操作。

计算机要处理的是信息,由于信息的需要而出现了计算机。计算机使得信息的形式越来越多样化,数量和规模都急剧增长,反过来,信息则更加依赖计算机处理能力的提高,并进一步促进计算机技术的发展,信息与计算机就是这样相互依存和相互发展的。

2.1 计算机的发展

虽然计算机的历史只有 70 多年时间,但其获得了突飞猛进的发展。

2.1.1 第一台电子计算机的诞生

人们通常所说的计算机,是指电子数字计算机。一般认为,世界上第一台数字式电子计算机诞生于 1946 年 2 月,它是美国宾夕法尼亚大学物理学家莫奇利(J. Mauchly)和工程师埃克特(J. P. Eckert)等人共同开发的计算机 ENIAC(electronic numerical integrator and computer)。

ENIAC 是一个庞然大物,其占地面积约为 170m^2,总质量达 30t。机器中约有 18800 只电子管、1500 个继电器、70000 只电阻及其他各种电气元件,每小时耗电量约为 150kW。这样一台"巨大"的计算机每秒钟可以进行 5000 次加减运算,相当于手工计算的 20 万倍,机电式计算机的 1000 倍。

虽然 ENIAC 是第一台正式投入运行的电子计算机,但它不包含现代计算机"存储程序"的思想。1946 年 6 月,冯·诺依曼博士设计出第一台"存储程序"的自动电子计算机 EDVAC(electronic discrete variable automatic computer),运算速度是 ENIAC 的 240 倍。冯·诺依曼提出的 EDVAC 计算机结构为人们普遍接受,此计算机结构又称为冯·诺依曼结构。

2.1.2 计算机的发展阶段

自 ENAIC 诞生至今,计算机获得了突飞猛进的发展。人们依据计算机性能和当时的软硬件技术(主要根据所使用的电子器件,因为电子器件与计算机硬件的性能密切相关),将计算机的发展划分成以下四个阶段。

1. 第一代电子计算机

第一代(1946—1957 年)电子计算机采用的主要元件是电子管,典型机型有 ENIAC、EDVAC、IBM 705 等。其主要特征如下:

①采用电子管元件,体积庞大、耗电量高、可靠性差、维护困难。

②内存采用阴极射线管或水银延迟线,存储空间有限,内存容量仅为几 KB。

③输入输出设备简单,采用穿孔纸带、卡片等。

④程序设计主要使用机器语言或汇编语言,几乎没有系统软件。

⑤运算速度慢,一般为每秒运算 5000～30000 次。

⑥应用领域主要是科学计算。

由于当时电子技术条件的限制,造价很高,其主要用于军事和科学研究工作。

2. 第二代电子计算机

第二代(1958—1964 年)电子计算机采用的主要元件是晶体管,典型机型有 UNIVAC II、IBM 7094、CDC 6600。其主要特征如下:

① 采用晶体管元件,体积大大缩小、可靠性增强、寿命延长。

② 普遍采用磁心作为内存储器,外存有了磁盘、磁带,外设的种类也有所增加。存储容量大大提高,内存容量扩大到几十 KB。

③ 提出了操作系统的概念,程序设计语言出现了 FORTRAN、COBOL、ALGOL 等高级语言。

④ 计算速度加快,达到每秒几万次到几十万次运算。

⑤ 计算机应用领域扩大,除了科学计算外,还用于数据处理、实时过程控制等。

与第一代电子计算机相比,第二代电子计算机体积小、成本低、功能强,可靠性也大大提高,其应用范围更加广阔。

3. 第三代电子计算机

第三代(1965—1970 年)电子计算机是中小规模集成电路电子计算机。集成电路可以在几平方毫米的单晶体硅片上集成十几个甚至上百个电子元件,计算机开始采用中小规模的集成电路元件,典型的机型有 IBM 360、PDP 11、NOVA 1200。其主要特征如下:

① 采用中小规模集成电路块代替晶体管,体积进一步缩小,寿命更长。

② 普遍采用半导体存储器,存储容量进一步提高,而体积更小、价格更低。

③ 高级程序设计语言有了很大的发展,出现了操作系统和会话式语言,计算机功能更强大。

④ 计算速度进一步加快,每秒可达百万次到几百万次运算。

⑤ 计算机使用范围扩大到企业管理、辅助设计、科技工程等领域。

随着技术的进一步发展，计算机的体积越来越小，价格越来越低，而软件越来越完善，这一时期，计算机同时向标准化、多样化、通用性和机种系列化方向发展。

4. 第四代电子计算机

第四代(1971 年至今)电子计算机是大规模和超大规模集成电路电子计算机，典型的机型有 ILLIAC—Ⅳ、VAX 11、IBM PC。其主要特征如下：

① 采用大规模集成电路和超大规模集成电路元件，体积与第三代电子计算机相比进一步缩小。在硅半导体芯片上集成了几十万甚至几百万个电子元器件，可靠性更好、寿命更长。

② 内存存储容量进一步扩大，体积更小、寿命更长。

③ 软件配置更加丰富，软件系统工程化、理论化，程序设计实现部分自动化。同时发展了并行处理技术和多机系统，微型计算机大量进入家庭，产品的更新速度更快。

④ 计算速度可达每秒几百万到千亿次运算。

⑤ 计算机在办公自动化、数据库管理、图像处理、模式识别、专家领域等各行各业大显身手，计算机的发展进入了以计算机网络为特征的时代。

计算机从第一代发展到第四代，已由仅仅包含硬件的系统发展到包含硬件和软件两大部分的计算机系统。计算机的种类也不断分化，发展成微型计算机、小型计算机、通用计算机(包括巨型、大型、中型计算机)以及各种专用机等。由于技术的更新和应用的推动，计算机一直处于飞速发展之中。

2.1.3　计算机的发展趋势

20 世纪 90 年代以来，计算机技术发展迅速，产品不断更新换代，不论是在硬件还是在软件方面，都不断有新的产品推出。当前计算机的发展趋势是向巨型化、微型化、网络化和智能化方向发展。它们描述了在现有电子技术框架内和现有体系结构模式下，计算机硬件和软件技术的发展方向。

从电子管计算机到晶体管计算机，再到集成电路计算机和大规模集成电路计算机，计算机的体积越来越小。当计算机主机能够纳入一个小机箱时，称为微型计算机。随后出现的笔记本计算机、手持计算装置等，体型更加精巧。然而，计算机体积变小的过程并没有就此终结。计算机的微型化得益于超大规模集成电路技术的发展。根据摩尔定律，一个固定大小的芯片能够集成的晶体管数量以指数形式增加，这为计算机的微型化提供了前提条件。体积小巧的计算机便于携带，支持移动计算，能够突破地域的限制，拓展计算机的用途。

计算机的巨型化不是指计算机的体积逐步增大，而是指计算机的运算速度不断提高和存储容量不断增大。以 ENIAC 为代表的第一代电子计算机，运算速度仅在每秒数千个操作的量级上，能存储数十个数。而新一代超级计算机每秒运算速度为亿亿次以上。例如，由国家并行计算机工程技术研究中心研制的，安装在国家超级计算无锡中心的神威·太湖之光超级计算机。神威·太湖之光超级计算机由 40 个运算机柜和 8 个网络机柜组成。每个运算机柜比家用的双门冰箱略大,打开柜门,4 块由 32 块运算插件组成的超节点分布其中。每个插件由 4 个运算节点板组成,一个运算节点板又含 2 块"申威26010"高性能处理器。一台机柜就有 1024 块处理器,整台"神威·太湖之光"共有 40960块处理器,峰值性能为每秒 12.54 亿亿次,持续性能为每秒 9.3 亿亿次。神威·太湖之光超级计算机 1 分钟的计算能力,相当于全球 72 亿人同时用计算器不间断计算 32 年。

计算机网络从局域网到城域网、广域网和互联网,连接的计算机设备越来越多,覆盖的范围越来越广,承载的资源越来越丰富,其影响越来越大。计算机网络的作用不仅仅是实现资源共享,而是提供一个分布式的开放计算平台,这样的计算平台能够极大地提高计算机系统的处理能力。当前正在研究和发展的一类计算机网络技术称为网格计算(或分布式计算)。网格计算就是在两个或多个软件之中互相共享信息,这些软件既可以在同一台计算机上运行,也可以在通过网络连接起来的多台计算机上运行。它研究如何把一个需要巨大的计算能力才能解决的问题分成许多小的部分,然后把这些部分分配给许多计算机进行处理,最后把这些计算结果综合起来得到最终结果。

计算机网络技术发展的另一个方向是普适计算。普适计算(pervasive computing / ubiquitous computing)是指无所不在的、随时随地可以进行计算的一种方式,即无论何时何地,只要需要,就可以通过某种设备访问到所需的信息。普适计算的含义十分广泛,所涉及的技术包括移动通信技术、小型计算设备制造技术、小型计算设备上的操作系统技术及软件技术等。普适计算技术在当前的软件技术中将占据着越来越重要的位置,其主要应用方向有嵌入式技术(除笔记本计算机和台式计算机外的具有 CPU 能进行一定的数据计算的电器,如手机、MP3 等都是嵌入式技术应用的方向)、网络连接技术(包括 4G、ADSL 等网络连接技术)、基于 Web 的软件服务构架(通过传统的 B/S 架构,提供各种服务)。间断连接和轻量计算(计算资源相对有限)是普适计算最重要的两个特征。普适计算的软件技术就是要实现在这种环境下的事务和数据处理。

智能化是指应用人工智能技术,使计算机系统能够更高效地处理问题,为人类做更多的事情。人工智能是计算科学的一个研究领域,它承担两个方面的任务,揭示智能的本质和建立具有智能特点的系统。它通过建立计算模型来研究和实现人的思维过程和智能行为,如推理、学习、规划、自然语言理解等。人工智能包含很多分支,如推理技术、机器学习、规划、自然语言理解、机器人学、计算机视觉和听觉、专家系统等。人工智能技术促进了计算学科其他技术的发展,使计算机系统功能更强大,处理效率更高。

2.2　计算机的基本工作原理

自 20 世纪 40 年代计算机诞生以来,尽管硬件技术已经经历了电子管、晶体管、集成电路和超大规模集成电路 4 个发展阶段,计算机体系结构获得了很大发展,但绝大部分计算机的硬件基本组成仍然具有冯·诺依曼结构特征。

2.2.1 冯·诺依曼结构基本思想

冯·诺依曼结构基本思想包括以下几个方面：

① 采用"存储程序"工作方式。

② 计算机由运算器、控制器、存储器、输入设备和输出设备 5 个基本部件组成。

③ 存储器不仅能存放数据，也能存放指令，形式上数据和指令没有区别，但计算机应能区分它们；控制器应能自动执行指令；运算器应能进行算术运算，也能进行逻辑运算；操作人员可以通过输入/输出设备使用计算机。

④ 计算机内部以二进制形式表示指令和数据；每条指令由操作码和地址码两部分组成，操作码指出操作类型，地址码指出操作数的地址；由一串指令组成程序。

"存储程序"方式的基本思想是：必须将事先编好的程序和原始数据送入内存后才能执行程序，一旦程序被启动执行，计算机能在不需操作人员干预下自动完成逐条指令取出和执行的任务。

2.2.2 冯·诺依曼机基本结构

根据冯·诺依曼结构基本思想，可以给出一个模型计算机的基本硬件结构，如图 2-1 所示。模型机中主要包括：①用来存放指令和数据的主存储器，简称主存或内存；②用来进行算术逻辑运算的部件，即算术逻辑部件（arithmetic logic unit，ALU），在 ALU 操作控制信号 ALUop 的控制下，ALU 可以对输入端 A 和 B 进行不同的运算，得到结果 F；③用于自动逐条取出指令并进行译码的部件，即控制部件，也称控制器；④用来和用户交互的输入设备和输出设备。

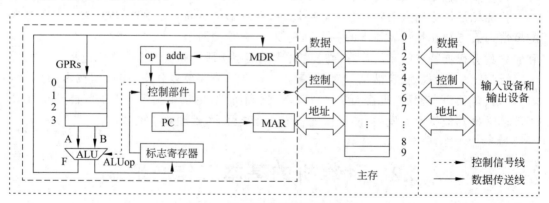

图 2-1　模型机中的硬件基本结构

为了临时保存从内存取来的数据或运算的结果，还需要若干通用寄存器（general purpose register），组成通用寄存器组（GPRs），ALU 两端 A 和 B 的数据来自通用寄存器；ALU 运算的结果会产生标志信息，例如结果是否为 0、是否为负数等，这些标志信息需要记录在专门的标志寄存器中；从内存中取来的指令需要临时保存在指令寄存器中。

通常把控制器部件、运算部件和各类寄存器互连组成的电路称为中央处理器（central processing unit，CPU）。CPU 为了自动按序读取内存中的指令，还需要有一个程序计数器（program counter，PC），在执行当前指令过程中，自动计算出下一条指令的地址并送到 PC 中保存。

CPU 为了从内存取指令和数据，需要通过传输介质与内存相连，通常把连接不同部件进行信息传输的介质称为总线，其中包含用于传输地址信息、数据信息和控制信息的地址线、数据线和控制线。CPU 访问内存时，需先将内存地址、读/写命令分别送到总线的地址线、控制线，然后通过数据线发送或接收数据。CPU 送到地址线的内存地址应先放在内存地址寄存器（memory address register，MAR）中，发送到或从数据线取来的信息存放在内存数据寄存器（memory data register，MDR）中。

2.2.3 程序和指令的执行过程

冯·诺依曼机的功能通过执行程序实现，程序的执行过程就是所包含的指令的执行过程。

指令是用 0 和 1 表示的一串 0/1 序列，用来指示 CPU 完成一个特定的原子操作。例如，取数指令从内存单元中取出数据存放到通用寄存器中；存数指令将通用寄存器的内容写入内存单元；加法指令将两个通用寄存器内容相加后送入结果寄存器；传送指令将一个通用寄存器的内容送到另一个通用寄存器；等。

指令通常被划分为若干个字段，如操作码、地址码等字段。操作码字段指出指令的操作类型，如取数、存数、加、减、传送、跳转等；地址码字段指出指令所处理的操作数的地址，如寄存器编号、内存单元编号等。

"存储程序"工作方式规定，程序执行前，需将程序包含的指令和数据先送入内存，一旦启动程序执行，则计算机必须能够在不需要操作人员干预下自动完成逐条指令取出和执行任务。如图 2-2 所示，一个程序的执行就是周而复始的执行一条一条指令的过程。每条指令的执行过程包括：从内存中取指、对指令进行译码、PC 增量（图中的 PC＋"1"表示 PC 的内容加上当前这一条指令的长度）、取操作数并执行、将结果送入内存或寄存器保存。

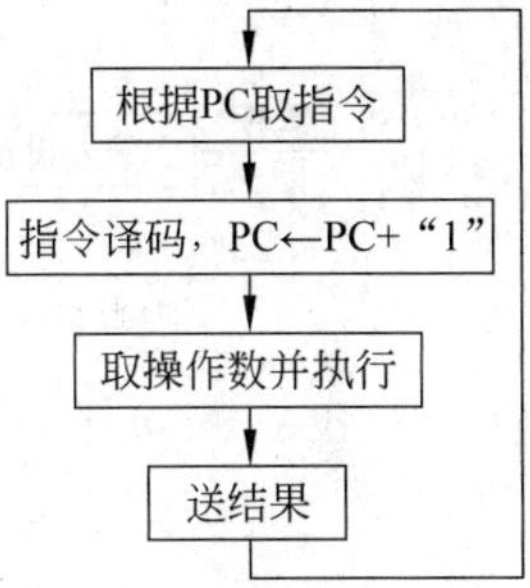

```
┌──────────────────┐
│   根据PC取指令      │◄──┐
├──────────────────┤   │
│指令译码，PC←PC＋"1" │   │
├──────────────────┤   │
│   取操作数并执行    │   │
├──────────────────┤   │
│     送结果         │───┘
└──────────────────┘
```

图 2-2　程序执行过程

程序执行前，首先将程序的起始地址存放在 PC 中，取指令时，将 PC 内容作为地址访问内存。每条指令执行过程中，都需要计算下条将执行指令的内存地址，并送到 PC 中。若当前指令为顺序型指令，则下条指令地址为 PC 的内容加上当前指令的长度；若当前指令为跳转型指令，则下条指令地址为指令中指定的目标地址。当前指令执行完后，根据 PC 的值到内存中取到的是下条将要执行的指令，因而计算机能够周而复始的自动取出并执行一条一条指令。

2.3 计算机硬件系统

原始的冯·诺依曼机在结构上以运算为中心,而发展到现在,已转向以存储器为中心。计算机硬件系统主要包含中央处理器、主存储器(简称内存)和各种输入/输出(input/output,I/O)设备,它们相互之间通过总线连接到一起。

2.3.1 计算机硬件系统概述

计算机硬件一般由运算器、控制器、存储器、输入设备和输出设备五个部分组成,即冯·诺依曼结构,它们之间的关系如图 2-3 所示。其中,运算器的主要部件是算术逻辑单元(arithmetic logic unit,ALU),是计算机对数据进行加工处理的部件,其主要功能是在控制信号的作用下完成加、减、乘、除等算术运算,与、或、非、异或等逻辑运算,以及位移、求补等运算;控制器是计算机的神经中枢和指挥中心,只有在它的控制之下,整个计算机才能有条不紊地工作,自动地执行程序;存储器是现代信息技术中用于保存信息的记忆设备,主要功能是存储程序和各种数据,并能在计算机运行过程中高速、自动地完成程序或数据的存取;输入设备用于接收用户输入的原始数据和程序,并将它们转变为计算机可以识别的形式(二进制)存放到内存中;输出设备用于将存放在内存中的由计算机处理的结果转换为人们所能接受的各种形式表示出来。

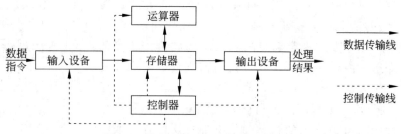

图 2-3 传统的冯·诺依曼机硬件结构

计算机硬件由大量的集成电路(integrated circuit,IC)组成,每块 IC 上都带有许多引脚(又称插针),这些引脚有的用于输入,有的用于输出。IC 会在其内部对外部输入的信息进行运算,并把运算结果输出到外部。例如,计算机接收输入数据 1 和 2,然后对它们执行加法运算,最后输出计算结果 3。

计算机可以做各种各样的事情,如玩游戏、处理文字、核算报表、绘制图形、收发电子邮件、浏览网页等。但是无论多么复杂的功能,都是通过组合一个又一个由输入、运算、输出构成的流程单位来实现的。

2.3.2　微型计算机的硬件组成

普通用户接触最多的还是微型计算机。微型计算机的诞生使计算机真正走进千家万户。普通用户更关心也更需要熟悉的是微型计算机的硬件组成。

在采用大规模集成电路的微型计算机中,运算器通常与控制器合并为中央处理器,制作在一块微处理器芯片上。因此,微型计算机硬件一般可划分为中央处理器、存储器、输入输出设备、输入输出接口和总线等部分,如图 2-4 所示。

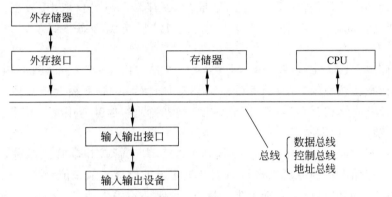

图 2-4　微型计算机系统的硬件结构

1. 中央处理器

微型计算机上使用的中央处理器是一个体积不大而集成度非常高、功能强大的芯片,也称微处理器(micro processing unit,MPU),是微型计算机的核心。计算机的所有操作都受 CPU 控制,所以它的品质直接影响着整个计算机系统的性能。中央处理器主要包括运算器和控制器两大部件。

(1) 运算器。运算器是计算机中进行算术运算、逻辑运算的部件,故有时也称为算术逻辑部件(ALU),其核心是一个全加器。典型的运算器能够实现以下几种运算功能:两数相加、两数相减、把一个数左移或右移一位、比较两个数的大小、将两数进行逻辑"与""或""异或""非"运算等。必须指出,在早期的微处理器中并没有进行乘、除运算和浮点运算的硬件电路,运算器只能完成定点加、减运算,由于减法运算可通过二进制补码的加法运算实现,因此准确地说,它只能完成加法的运算,而复杂的算术运算(如乘、除运算)则由程序来完成。

(2) 控制器。控制器(control unit)是用来控制计算机进行运算及指挥各个部件协调工作的部件,主要由指令部件(包括指令寄存器和指令译码器)、时序部件和操作控制部件等构成。它根据指令的内容产生和发出控制计算机操作的信号,从而把微型计算机的各个部分组成一体,执行指令所规定的一系列有序的操作。

2. 存储器

微型计算机通常把半导体存储器用作主存储器,把磁盘、磁带、光盘等用作辅助存储器。存储器好像一座大楼,大楼的每个房间称为存储单元,每个存储单元有一个唯一的地址(类似房间号),存储单元中的内容可以为数据或指令。在微型计算机中,通常每个存储单元存放一字节,以保证随时可对任意一字节进行访问。

(1) 主存储器。主存储器又称为内部存储器,简称内存,是能够和控制器及运算器直接交换数据的存储器。计算机所要处理的数据及对数据如何处理的程序都必须先放到主存储器。

根据存取数据方式的不同,主存储器可分为随机存储器和只读存储器。

① 随机存储器。随机存储器(random access memory,RAM)的特点是可读可写,可以随时(刷新时除外)从任何一个指定的地址写入(存入)或读出(取出)数据,通电时存储的内容可以保持,断电后存储的内容立即消失。RAM 分为静态存储单元和动态存储单元两种。

静态存储单元(static RAM,SRAM)的每个存储位由 4~6 个晶体管组成。静态存储单元保存的信息比较稳定,并且这些信息为非破坏性读出,故不需要重写或者刷新操作。静态存储单元具有结构简单、可靠性高、速度较快的特点,但其所用元件较多,占硅片面积大且功耗高,所以集成度不高。

常见的动态存储单元(dynamic RAM,DRAM)有三管式和单管式两种,它们的共同特点是靠电容存储电荷的原理来寄存信息。电容上的电荷一般只能维持 1~2ms,即使电源不掉电,电容上的电荷也会自动消失。因此,为保证不丢失信息,必须在 2ms 之内对存储单元进行一次恢复操作,这个过程称为再生(regenerate)或者刷新(refresh)。与静态存储单元相比,动态存储单元具有集成度更高、功耗更低等特点,目前被各类计算机广泛使用。

② 只读存储器。只读存储器(read-only memory,ROM)只能读出原有的内容,不能由用户再写入新内容。原来存储的内容是由厂家一次性写入的,并且永久保存。

在主板上的 ROM 里面固化了一个基本输入输出系统,称为 BIOS(基本输入输出系统)。其主要作用是完成对系统的加电自检、系统中各功能模块的初始化、系统的基本输入输出的驱动程序及引导操作系统。

根据半导体制造工艺的不同,只读存储器可分为只读存储器(ROM)、可编程序只读存储器(programmable read-only memory, PROM)(如熔丝型,根据用户要写入的内容用大电流将某些熔丝烧断,从而写入需要的内容)、掩膜式只读存储器(masked read-only memory,MROM)、可擦可编程只读存储器(erasable programmable read-only memory,EPROM)、可电擦除可编程只读存储器(electrically-erasable programmable read-only memory,EEPROM,也有的书籍表示成 E2PROM 或 E^2PROM)等。

③ 高速缓冲存储器。从大量计算机运行时的统计数据中得到一个规律:程序中对于存储空间 90% 的访问局限于存储空间 10% 的区域中,而另外 10% 的访问则分布在存储空间的其余 90% 的区域中,这就是通常说的程序局部性原理。程序的局部性规律包括时间局部性和空间局部性两个方面:时间局部性是指如果一个存储项被访问,则该项可能很快被再次访问;空间局部性是指如果一个存储项被访问,则该项及其邻近的项也可能很快被访问。程序的局部性使得可以通过少量高速存储器的使用而大大提升系统的

性能。

高速缓冲存储器(Cache)是位于 CPU 与主存储器之间的高速存储器,它的容量比主存储器小得多,但其交换速率却比主存储器要快得多。高速缓冲存储器的出现主要是为了解决 CPU 运算速率与主存储器读写速率不匹配的矛盾,因为 CPU 运算速率要比主存储器读写速率快很多,这样会使 CPU 花费很长时间等待数据到来或把数据写入主存储器。在高速缓冲存储器中的数据是主存储器中的很小一部分,但这一小部分是短时间内 CPU 即将访问的,当 CPU 调用大量数据时,就可避开主存储器直接从高速缓冲存储器中调用,从而加快读取速率。由此可见,在 CPU 中加入高速缓冲存储器是一种高效的解决方案,这样整个内存储器(高速缓冲存储器加主存储器)就变成既有高速缓冲存储器的高速率又有主存储器的大容量的存储系统。

(2) 辅助存储器。辅助存储器又称外存储器,简称外存,是指除计算机主存储器及 CPU 缓存以外的存储器。此类存储器容量相对较大,一般用来存储须长期保存或暂时不用的各种程序和信息,断电后仍然能保存数据。常用的辅助存储器有硬盘、光盘、U 盘、移动硬盘等。

① 硬盘。硬盘是微型计算机中最重要的外部存储设备,由一个或者多个铝制或者玻璃制的碟片组成,碟片外覆盖有铁磁性材料。硬盘分为机械硬盘、固态硬盘。机械硬盘即传统普通硬盘,主要由盘片、磁头、盘片转轴及控制电机、磁头控制器、数据转换器、接口、缓存等几个部分组成。固态硬盘是用固态电子存储芯片阵列而制成的硬盘。固态硬盘在接口的规范和定义、功能及使用方法上与普通硬盘完全相同,在产品外形和尺寸上也与普通硬盘完全一致。固态硬盘具有传统机械硬盘不具备的快速读写、质量轻、能耗低、体积小等特点,但其容量较低,一旦硬件损坏,数据较难恢复,耐用性(寿命)相对较短。

② 光盘。光盘即高密度光盘,是不同于完全磁性载体的光学存储介质,以光信息作为存储的载体并用来存储数据的一种物品,是利用激光原理进行读、写的设备,是迅速发展的一种辅助存储器,可以存放各种文字、声音、图形、图像和动画等多媒体数字信息。光盘分不可擦写光盘(如 CD-ROM、DVD-ROM 等)和可擦写光盘(如 CD-RW、DVD-RAM 等)。

③ U 盘。U 盘,全称 USB 闪存驱动器,英文名" USB flash disk"。它是一种使用 USB 接口的无须物理驱动器的微型高容量移动存储产品,通过 USB 接口与计算机连接实现即插即用。相较于其他可携式存储设备,U 盘有许多优点:占空间小,通常操作速度较快(USB 1.1、2.0、3.0 标准),能存储较多数据,并且性能较可靠,在读写时断开只会丢失数据,而不会损坏硬件。

④ 移动硬盘。移动硬盘主要由外壳、电路板(包括控制芯片及数据和电源接口)和硬盘三部分组成。外壳一般是铝合金或者塑料材质,起到抗压、抗震、防静电、防摔、防潮、散热等作用;控制芯片控制移动硬盘的读/写性能;数据接口常见的是 USB 和 IEEE 1394 两种,能提供较高的数据传输速度。移动硬盘体积小,容量大,便于携带。

3. 输入输出设备

输入设备的作用是从外界将数据、指令等输入微型计算机的主存储器,输出设备的作用是将微型计算机处理后的结果信息转换为外界能够使用的数字、文字、图形、声音等。

微型计算机外部设备的种类和形式很多,常见的输入设备有键盘、鼠标、软盘驱动器、硬盘驱动器、光盘驱动器等。近年来语音、图像等输入设备已开始进入实用阶段。常见的输出设备有打印机、绘图仪、显示器、音响设备等。

4. 输入输出接口

外部设备由于结构不同,各有不同的特性,而且它们的工作速度比微型计算机的运算速度低得多。为使微型计算机与外部设备能够协调工作,必须由适当的接口来完成协调工作,目前很多接口逻辑电路也采用大规模集成电路,并且已系列化、标准化,很多接口芯片具有可编程能力,并有很好的灵活性。这些接口芯片又可分为通用接口和专用接口。它们的主要任务和功能是:完成外部设备与计算机的连接、转换数据传输速率,转换电平、转换数据格式等。

5. 总线

将微处理器、存储器和输入输出接口等装置或功能部件连接起来,并传送信息(信号)的公共通道称为总线(bus)。总线实际上是一组传输信息的导线,其中包括数据总线、地址总线和控制总线。

(1) 数据总线(data bus,DB)。数据总线是双向的通信总线。通过它可以实现微处理器、存储器和输入输出接口三者之间的数据交换。例如,它可以将微处理器输出的数据传送到存储器或输入输出接口,又可以把从存储器中取出的信息或从外设接口取来的信息传送到微处理器中。

(2) 地址总线(address bus,AB)。地址总线是单向总线,用于从 CPU 单向地向存储器或输入输出(I/O)接口传送地址信息。

(3) 控制总线(control bus,CB)。控制总线传输的信号可以控制微型计算机各个部件有条不紊的动作,其中包括由微处理器向其他部件发出的读、写等信号,以及由其他部件输入微处理器中的信号。控制总线的多少因不同性能的微处理器而异。

按照总线的所在位置,又可区分为片内总线和系统总线。前者制作在 CPU 芯片中,是运算器与各种通用寄存器的连接通道;后者则制作在微型计算机主板上,承担 CPU 与主存储器及外部设备接口的连接。

2.4 计算机软件系统

在飞速发展的计算机产业中,计算机软件所扮演的角色越来越重要,"软件"这一词汇在不同的场合含义可能不尽相同。习惯上,人们认为软件就是程序。随着计算机的发展及软件规模越来越大,人们发现程序和软件是两个不同的概念,1983 年,电气与电子工程师学会(IEEE)明确地给软件下了定义:软件是计算机程序、方法和规则相关的文档及其在计算机上运行所必需的数据。

计算机软件发展非常迅速,其内容十分丰富,仅从用途划分,大致可分为服务类、维护类和操作管理类。服务类软件是面向用户的,为用户提供各种服务,包括各种语言的集成化软件,各种软件开发工具及常用的库函数等。维护类软件是面向计算机维护的,包括错误诊断和检测软件、测试软件、各种调试用软件等。操作管理类软件是面向计算机操作和管理的,包括各种操作系统、网络通信系统、计算机管理软件等。

若从计算机系统划分,软件可分为系统软件和应用软件。系统软件是指为管理、控制和维护计算机及外设,以及提供计算机与用户界面等的软件,如操作系统、数据库管理系统、各种语言编译系统及编辑软件等。系统软件以外的其他软件称为应用软件。目前应用软件的种类很多,按其主要用途可分为科学计算类、数据处理类、过程控制类、辅助设计类、人工智能软件类等。数据库及数据库管理系统过去一般被视为应用软件,随着计算机的发展,现在已被认为是系统软件。随着计算机技术的不断发展,应用领域不断拓宽,应用软件的种类将日益增多,其在软件中所占比重越来越大。

2.4.1　系统软件

系统软件是随着计算机出厂并具有通用功能的软件,由计算机厂家或第三方厂家提供,一般包括操作系统、语言处理系统、数据库管理系统以及服务程序等。

1. 操作系统

操作系统是系统软件的核心,是管理计算机软、硬件资源,调度用户作业程序,处理各种中断,从而保证计算机各部分协调有效工作的软件。操作系统是最贴近硬件的系统软件,也是用户与计算机的接口。用户通过操作系统来操作计算机并能使计算机充分实现其功能。操作系统的功能和规模因不同的应用要求而异,故操作系统又可分为批处理操作系统、分时操作系统及实时操作系统等。

2. 语言处理系统

任何语言编制的程序,最后一定都需要转换成机器语言程序,才能被计算机执行。语言处理系统的任务就是将各种高级语言编写的源程序翻译成机器语言表示的目标程序。对于不同语言编写的源程序,有不同的语言处理程序。语言处理程序按其处理的方式不同,可分为解释型程序和编译型程序两大类。前者对源程序的处理采用边解释边执行的方法,并不形成目标程序,称为对源程序的解释执行;后者必须先将源程序翻译成目标程序才能执行,称为翻译执行。

3. 数据库管理系统

数据库管理系统是对计算机中所存放的大量数据进行组织、管理、查询并提供一定处理功能的大型系统软件。随着社会信息化进程的加快、信息量的剧增,当前数据库已成为计算机信息系统和应用系统的基础。数据库管理系统能够对大量数据合理组织,减少冗余;支持多个用户对数据库中数据的共享;还能保证数据库中数据的安全和对用户进行数据存取的合法性验证。当前数据库管理系统可划分为两类:一类是基于微型计算机的小型数据库管理系统,具有数据库管理的基本功能,易于开发和使用,可以解决对数据量不大且功能要求较简单的数据库应用,如 Access;另一类是大型的数据库管理系统,其功能齐全,安全性好,能支持对大数据量的管理,还提供了相应的开发工具,如 Oracle。

4. 服务程序

服务程序是一类辅助性的程序,它提供程序运行所需的各种服务。例如,用于程序的装入、连接、编辑及调试的装入程序、连接程序、编辑程序和调试程序,以及故障诊断程序、纠错程序等。

2.4.2 应用软件

应用软件是为解决实际应用问题所编写的软件的总称,涉及计算机应用的所有领域。由于计算机应用的日益普及,应用软件的种类及数量还将不断增加。应用软件的开发是使计算机充分发挥作用的十分重要的工作,是吸引软件技术人员最多的技术领域。

计算机系统组成如图 2-5 所示。

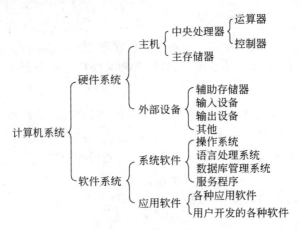

图 2-5 计算机系统组成

本 章 小 结

1. 一个完整的计算机系统由硬件系统和软件系统两个部分组成。

2. 硬件包括中央处理器、存储器、输入设备和输出设备。

3. 软件包括系统软件和应用软件,系统软件的核心是操作系统。

4. 冯·诺依曼机由运算器、控制器、存储器、输入设备和输出设备组成。它的特点是:程序以二进制代码的形式存放在存储器中,所有的指令都由操作码和地址码组成,指令在其存储过程中按照执行的顺序进行存储。

5. 指令是用 0 和 1 表示的一串序列,由操作码和地址码组成。操作码指出指令的操作类型,地址码指出指令所处理的操作数的地址。

6. 中央处理器(CPU)主要包括运算器和控制器两大部件。

7. 存储器分为主存储器和辅助存储器。主存储器主要有随机存储器(RAM)和只读存储器(ROM)。RAM 的特点是可读可写,ROM 只能读不能写。

8.总线是一组传输信息的导线,分为数据总线、地址总线和控制总线。

习　　题

1. 世界上第一台电子计算机是(　　)年诞生的。

  A. 1927 　　　　 B. 1946 　　　　 C. 1936 　　　　 D. 1952

2. 通常计算机系统是指(　　)。

  A. 主机和外设　　 B. 软件　　　　 C. Windows 　　　 D. 硬件系统和软件系统

3. CPU 对应的中文是(　　)。

  A. 运算器　　　　 B. 控制器　　　　 C. 中央处理器　　 D. 主机

4. 计算机硬件系统由(　　)、存储器、输入设备和输出设备等部件构成。

  A. 硬盘　　　　　 B. 声卡　　　　　 C. 运算器　　　　 D. CPU

5. 计算机软件系统分为系统软件和应用软件两大类,其中(　　)是系统软件的核心。

  A. 数据库管理系统　　　　　　B. 语言处理系统

  C. 操作系统　　　　　　　　　D. 服务程序

6. 下列存储器中,访问速度最快的是 (　　)。

  A. 磁带　　　　　 B. 磁盘　　　　　 C. U 盘　　　　　 D. 主存储器

7. 对计算机软件正确的认识应该是(　　)。

  A. 计算机软件不需要维护

  B. 计算机软件只要能复制得到就不必购买

  C. 受法律保护的计算机软件不可以随便复制

  D. 计算机软件不必有备份

8. 指令是由＿＿＿＿和＿＿＿＿组成的。

9. 中央处理器包括＿＿＿＿和＿＿＿＿两大部件。

10. 简述冯·诺依曼机的硬件组成及工作原理。

11. 简述微型计算机系统的组成。

12. 简述计算机硬件系统和软件系统的关系。

# 第 3 章 信息编码与数据表示

计算机最基本的功能是进行数据的计算和处理,这些数据包括数值、文字、图形、图像、声音、视频等数据形式。由于计算机内部只能表示、识别、存储、处理和传送二进制数,所以各种数据信息都必须经过二进制数字化编码后,才能在计算机中进行处理。将各种不同类型的数据信息转换为二进制代码的过程称为信息编码。不同类型的信息具有不同的编码方式。

3.1 计算机中的数制

计算机中采用二进制数,为了书写和阅读的方便,引入了八进制数和十六进制数。而在日常生活及数学中,人们习惯使用十进制数。在人和计算机交换信息时,输入的数据或输出的结果是十进制数的,但在计算机存储、处理、传输信息时,二进制数工作得更好,这就需要在各种数值之间进行相互转换。虽然这种转换过程由计算机系统自动完成,但还是有必要了解各种数制的特点及其转换过程。

3.1.1 计算机中采用二进制数

现代计算机存储和处理的信息是以 0 和 1 的模式编码的,这些数字称为位(bit)。它们只是符号,其意义取决于正在处理的应用:有时用来表示数值,有时表示字母表中的字符,有时表示标点符号,有时表示图像,有时表示声音。

单个的位不是非常有用的,然而,当把位组合在一起,加上某种解释,即赋予了它们含义,就能够表示任何有限集合的元素。例如,一个二进制数字系统能够用来表示数值。通过使用标准的字符编码,能够对字母表中的字符和标点符号进行编码。

3.1.2 常用数制及其特点

按进位的原则进行计数称为进位计数制,简称"数制"。在计算机中常用的数制有二进制数、八进制数、十进制数、十六进制数。下面介绍数制的基本概念及常用数制的特点。

1. 数码

每一种数制都使用一组固定的数学符号来表示数字的大小,该数学符号称为"数码"。

不同进制数所使用的数码及数码的个数是不同的。例如,二进制的数码有 2 个:0 和 1。

2. 基数

不同进制数所使用的数码的个数,称为该数制的基数。一般来说,基数是几就是几进制。进制的规则是"逢几进一"。例如,十进制就是"逢十进一",二进制就是"逢二进一"。表 3-1 展示了常用数制的基本要素及其表示方法。

表 3-1　常用数制的基本要素及其表示方法

数　　制	基数	进制规则	位权	数　　码	表示
二进制	2	逢二进一	2^i	0、1	B
八进制	8	逢八进一	8^i	0,1,2,3,4,5,6,7	O
十进制	10	逢十进一	10^i	0,1,2,3,4,5,6,7,8,9	D
十六进制	16	逢十六进一	16^i	0,1,…,9,A,B,C,D,E,F	H

其中,十六进制数中:A 表示 10,B 表示 11,C 表示 12,D 表示 13,E 表示 14,F 表示 15。

3. 位权

在一个数中,每个数码表示的值不仅取决于数码本身,还与它所处的位置有关。例如,十进制数 123.45,可以表示成如下形式:

$$123.45 = 1 \times 10^2 + 2 \times 10^1 + 3 \times 10^0 + 4 \times 10^{-1} + 5 \times 10^{-2}$$

式中 10^2、10^1、10^0、10^{-1}、10^{-2} 称为各位数字的权。可以看出,各位数字只有乘上它们的权值,才是它的实际值,如上例中最左边的数字 1,乘上 10^2,才是它的实际值 100。上式称为十进制数 123.45 的按权展开式。十进制数的权值都是 10 的若干次幂,二进制数的权值都是 2 的若干次幂。

一般地,可以将一个数按照"基数"和"权"展开为如下形式:

$$D = \int_{i=1}^{n} N_i K^{i-1} + \int_{j=-1}^{-m} N_j K^j$$

其中,N_i 和 N_j 表示第 i 位和小数点后第 j 位上的数码;K^{i-1} 和 K^j 表示该数码的权,K 是基数。上式中的前一项表示数的整数部分,后一项表示数的小数部分,它们分别有 n 位和 m 位。

任何一种进制中的任何一个数都可以写成按权展开的形式。例如,按照以上展开式,十进制数 87654.32 可以表示为:

$$87654.32 = 8 \times 10^4 + 7 \times 10^3 + 6 \times 10^2 + 5 \times 10^1 + 4 \times 10^0 + 3 \times 10^{-1} + 2 \times 10^{-2}$$

二进制数 1011.1 可以表示为:

$$(1011.1)_2 = 1 \times 2^3 + 0 \times 2^2 + 1 \times 2^1 + 1 \times 2^0 + 1 \times 2^{-1}$$

八进制数 357.4 可以表示为:

$$(357.4)_8 = 3 \times 8^2 + 5 \times 8^1 + 7 \times 8^0 + 4 \times 8^{-1}$$

十六进制数 A8F 可以表示为:

$$(A8F)_{16} = 10 \times 16^2 + 8 \times 16^1 + 15 \times 16^0$$

为了对不同进制的数进行区分,书写时,在数字后面加 B(Binary)表示二进制数,加 O(Octal)表示八进制数,加 H(Hexadecimal)表示十六进制数,十进制数则可用后缀 D (Decimal)表示或者不加。也可在数字后面加下标来表示相应的进制数。例如,1011B 或 $(1011)_2$ 表示 1011 是二进制数。

3.1.3 不同数制之间的转换

1. 将非十进制数转换成十进制数

将非十进制数转换成十进制数的方法是把非十进制数按位权重展开并求和。

【例 3-1】 将二进制数 10110101 转换成十进制数。

解: $(10110101)_2$

$= 1 \times 2^7 + 0 \times 2^6 + 1 \times 2^5 + 1 \times 2^4 + 0 \times 2^3 + 1 \times 2^2 + 0 \times 2^1 + 1 \times 2^0$

$= 128 + 32 + 16 + 4 + 1$

$= (181)_{10}$

即二进制数 10110101 转换成十进制数为 181。

【例 3-2】 将八进制数 123 转换成十进制数。

解: $(123)_8 = 1 \times 8^2 + 2 \times 8^1 + 3 \times 8^0 = 64 + 16 + 3 = (83)_{10}$

即八进制数 123 转换成十进制数为 83。

【例 3-3】 将十六进制数 15C 转换成十进制数。

解: $(15C)_{16} = 1 \times 16^2 + 5 \times 16^1 + 12 \times 16^0 = 256 + 80 + 12 = (348)_{10}$

即十六进制数 15C 转换成十进制数为 348。

2. 将十进制数转换成二进制数

整数部分和小数部分的转换方法是不同的,下面分别介绍。

(1) 整数部分的转换。将一个十进制整数转换为二进制整数,采用的方法是"除 2 取余"法,即对一个十进制整数反复进行除以 2 和保留余数的操作,直至商为 0,然后将所得到的余数自下而上排列即可。

【例 3-4】 将十进制数 181 转换成二进制数。

解:

	余数	
2 | 181	1	最低位
2 | 90	0	
2 | 45	1	
2 | 22	0	
2 | 11	1	
2 | 5	1	
2 | 2	0	
2 | 1	1	最高位
0		

结果：$(181)_{10} = (10110101)_2$

（2）小数部分的转换。将一个十进制小数转换为二进制小数,采用的方法是"乘 2 取整"法,即将一个十进制小数不断地乘以 2,直到小数的当前值为 0 或满足所要求的精度为止。每乘一次取一次整数,最后将所得到的乘积的整数部分自上而下排列即可。

【例 3-5】 将十进制小数 0.125 转换成二进制小数。

解：

```
        0.125    取整      最高位
      ×   2
        0.250     0
      ×   2
        0.50      0
      ×   2
        1.0       1        最低位
```

结果：$(0.125)_{10} = (0.001)_2$

通常一个非十进制小数能够完全准确地转换成十进制小数,但一个十进制小数并不一定能完全准确地转换成非十进制小数。例如,十进制小数 0.1 就不能完全准确地转换成二进制小数。在这种情况下,可以根据精度要求只转换到小数点后某一位为止,这个数就是该小数的近似值。

【例 3-6】 将十进制小数 0.1 转换成二进制小数,精确到 5 位小数。

解：

```
        0.1     取整      最高位
      ×   2
        0.2      0
      ×   2
        0.4      0
      ×   2
        0.8      0
      ×   2
        1.6      1
      ×   2
        1.2      1        最低位
```

结果：$(0.1)_{10} \approx (0.00011)_2$

在进行转换时,如果一个数既有整数部分,又有小数部分,应分别进行转换,然后再组合起来。

【例 3-7】 将十进制数 181.1 转换成二进制数,精确到 5 位小数。

解： $(181)_{10} = (10110101)_2$

$(0.1)_{10} \approx (0.00011)_2$

$(181.1)_{10} \approx (10110101.00011)_2$

3. 二进制数与八进制数、十六进制数之间的转换

二进制数适合计算机内部数据的表示和运算,但书写起来位数比较长,如表示一个十进制数 1024,写成等值的二进制数就需要 11 位,很不方便。而八进制数和十六进制数比等值的二进制数的长度短得多,而且它们之间的转换也非常方便。因此,在书写程序和数据时,在用到二进制数的地方,往往采用八进制数或十六进制数的形式。

由于二进制数、八进制数和十六进制数之间存在特殊的关系,即 $8^1 = 2^3$,$16^1 = 2^4$,因此转换方法相对简单。几种常用数制之间的对应关系如表 3-2 所示。

表 3-2　几种常用数制之间的对应关系

十进制数	二进制数	八进制数	十六进制数
0	0000	0	0
1	0001	1	1
2	0010	2	2
3	0011	3	3
4	0100	4	4
5	0101	5	5
6	0110	6	6
7	0111	7	7
8	1000	10	8
9	1001	11	9
10	1010	12	A
11	1011	13	B
12	1100	14	C
13	1101	15	D
14	1110	16	E
15	1111	17	F

(1) 八进制数与二进制数之间的转换。因为 $8^1 = 2^3$,所以每位八进制数都可以用 3 位二进制数表示,也可以说 3 位二进制数可以表示 1 位八进制数。根据这种对应关系,将二进制数转换成八进制数时,只需以小数点为界,分别向左、向右,每 3 位二进制数分为一组,最后不足 3 位时用 0 补足 3 位(整数部分在高位补 0,小数部分在低位补 0);然后将每组转换成相应的八进制数,即可完成转换。

【例 3-8】　将二进制数 10110101.0100101 转换成八进制数。

解:将每 3 位二进制数转换为 1 位的八进制数即可。

$$(010 \quad 110 \quad 101 . 010 \quad 010 \quad 100)_2$$
$$(2 \quad 6 \quad 5 . 2 \quad 2 \quad 4)_8$$

结果：$(10110101.0100101)_2 = (265.224)_8$

【例3-9】 将八进制数 725.16 转换成二进制数。

解：将每位八进制数转换为 3 位的二进制数即可。

$$(\quad 7 \qquad 2 \qquad 5 . 1 \qquad 6)_8$$
$$(111 \quad 010 \quad 101 . 001 \quad 110)_2$$

结果：$(725.16)_8 = (111010101.00111)_2$

(2) 十六进制数与二进制数之间的转换。因为 $16^1 = 2^4$，所以每位十六进制数都可以用 4 位二进制数表示，也可以说 4 位二进制数可以表示 1 位十六进制数。根据这种对应关系，将二进制数转换成十六进制数时，只需以小数点为界，分别向左、向右，每 4 位二进制数分为一组，最后不足 4 位时用 0 补足 4 位（整数部分在高位补 0，小数部分在低位补 0），然后将每组转换成相应的十六进制数，即可完成转换。

【例3-10】 将二进制数 1110110101.0100101 转换成十六进制数。

解：将每 4 位二进制数转换为 1 位的十六进制数即可。

$$(0011 \quad 1011 \quad 0101 . 0100 \quad 1010 \quad)_2$$
$$(\quad 3 \qquad B \qquad 5 . 4 \qquad A)_{16}$$

结果：$(1110110101.0100101)_2 = (3B5.4A)_{16}$

【例3-11】 将十六进制数 7C5.E6 转换成二进制数。

解：将每位十六进制数转换为 4 位的二进制数即可。

$$(\quad 7 \qquad C \qquad 5 . E \qquad 6)_8$$
$$(0111 \quad 1100 \quad 0101 . 1110 \quad 0110)_2$$

结果：$(7C5.E6)_{16} = (11111000101.1110011)_2$

(3) 将十进制数转换成八、十六进制数。若要将十进制数转换为八进制数或十六进制数，一般借助于二进制数，即先将十进制数转换成二进制数，再将此二进制数转换为八进制数或十六进制数。

【例3-12】 将十进制数 123 转换成十六进制数。

解：具体步骤如下。

第一步：先将十进制数 123 转换为二进制数：

结果：$(123)_{10} = (1111011)_2$

第二步：再将二进制数 1111011 转换为十六进制数，即：

$$(1111011)_2 = (0111 \quad 1011)_2 = (7B)_{16}$$

结果：$(123)_{10} = (1111011)_2 = (7B)_{16}$

将十进制数转换成八进制数的情况与将十进制数转换成十六进制数相似，不再赘述。

3.1.4 二进制的常用单位

1. 位

位（bit）是度量信息的单位，也是表示信息量的最小单位，只有 0、1 两种二进制状态。

2. 字节

字节（Byte）是计算机中数据处理和存储容量的基本单位，1 个 Byte 由 8 个 bit 组成，能够容纳一个英文字符，一个汉字需要两个字节的存储空间。

计算机常用的存储单位及其关系如下：

1Byte（字节）＝8bit（比特）

1KB（KiloByte 千字节）＝1024B（字节）

1MB（MegaByte 兆字节）＝1024KB

1GB（GigaByte 吉字节）＝1024MB

1TB（TeraByte 太字节）＝1024GB

1PB（PetaByte 拍字节）＝1024TB

1EB（ExaByte 艾字节）＝1024PB

1ZB（ZetaByte 泽字节）＝1024EB

1YB（YottaByte 尧字节）＝1024ZB

1BB（BrontoByte 珀字节）＝1024YB

1NB（NonaByte 诺字节）＝1024BB

1DB（DoggaByte 刀字节）＝1024NB

3. 字

在计算机中占据一个单独的地址（内存单元的编号）并作为一个单元（由多个字节组合而成）处理的一组二进制数称为"字"（Word），它由若干个位或字节所组成。在计算机的运算器、控制器中，数据或指令通常都是以字为单位进行传送的。字出现在不同的位置是有不同的含义的，对计算机的运算器和内存器来说，一个字或几个字是一个数据；对于控制器来说，一个字或几个字是一条指令。

4. 字长

一个字所包含的二进制位的数量称为字长，它反映了计算机处理信息的一种能力。字长是 CPU 性能的重要标志之一，字长越长，说明计算机一次能处理的数据量就越大。例如，8 位的 CPU 字长为 8 位，一个字等于一字节，一次只能处理一字节，而 32 位的 CPU 字长为 32 位，一个字等于 4 字节，一次能处理 4 字节。同理，字长为 64 位的 CPU 一次可以处理 8 字节，一个字等于 8 字节。

大学计算机基础

3.2 数值数据在计算机中的表示

数据是计算机处理的对象。从不同的处理角度来看，数据有不同的表现形态。从外部形式的角度来看，计算机可处理数值、文字、图、声音、视频及各种模拟信息，它们被称为感觉媒体。从算法描述的角度来看，有图、表、树、队列、矩阵等结构类型的数据。从高级语言程序员的角度来看，有数组、结构、指针、实数、整数、布尔型、字符和字符串等类型的数据。不管以什么形态出现，在计算机内部，数据最终都是由机器指令来处理。而从机器指令的角度来看，数据只有整数、浮点数和位串这几类简单的基本数据类型。其中，整数和浮点数统称数值数据。

数值数据可用来表示数量的多少，可比较其大小，分为整数和实数，整数又分为无符号整数和带符号整数。在计算机内部，整数用定点数表示，实数用浮点数表示。非数值数据就是一个没有大小之分的位串，不表示数量的多少，主要用来表示字符数据和逻辑数据。

由于计算机采用二进制，所以一切信息都要由 0 和 1 两个数字的组合，即二进制数字化编码来表示。

3.2.1 机器数和真值

日常生活中，常使用带正负号的十进制数表示数值数据。在计算机中，对带符号的数的正号和负号，必须用"0"和"1"进行编码。通常把一个数的最高位定义为符号位，用 0 表示正，用 1 表示负，称为数符，其余位表示数值。把在计算机内存放的正、负号数码化的数，称为机器数，而把机器外部由正、负号表示的数，称为真值。

真值一般用十进制表示。例如，真值为 +7，8 位二进制数为 00000111；真值为 −7，8 位二进制数为 10000111。

对于无符号数，由于不涉及符号问题，所以在计算机中用一个数的全部有效位来表示数的大小。例如，真值为无符号整数 123，8 位二进制数为 01111011。

3.2.2 原码、反码和补码

带符号数的数值和符号都用二进制数码来表示，那么计算机对数据进行运算时，符号位应如何处理？是否也同数值位一起参加运算？为了妥善地处理这个问题，就产生了把符号位和数值位一起进行编码的各种方法，这就是原码、反码和补码。

1. 原码

正数的符号位用"0"表示，负数的符号位用"1"表示，数值部分用真值的绝对值来表示的二进制数，称为原码。用 $[X]_原$ 表示，设 X 为整数。例如：

$$X_1 = +66 = +1000010 \qquad [X_1]_原 = 0\ 1000010$$
$$X_2 = -66 = -1000010 \qquad [X_2]_原 = 1\ 1000010$$

原码的特点如下：

① 用原码表示数简单、直观，与真值之间转换方便。

② 0 的原码表示不唯一：$[+0]_原 = 0\ 0000000$，$[-0]_原 = 1\ 0000000$。

③ 因为原码的最高位表示符号位，所以 8 位二进制原码表示的整数范围是：$-127\sim$ $+127$。

④ 加、减法运算复杂。不能用原码直接对两个同号数相减或两个异号数相加，必须先判断数的正负，再决定使用加法还是减法，才能进行具体的计算，因而使机器的结构相应地复杂化或增加机器的运算时间。例如，将十进制数"+23"的原码与十进制数"−36"的原码直接相加：$[+23]_原 + [-36]_原 = 0\ 0010111 + 1\ 0100100 = 1\ 0111011$。其结果是，符号位为"1"表示负数，数值部分为"0111011"，是十进制数"59"，所以计算结果为"−59"，这显然是错误的。现代计算机中不用原码来表示整数，只用定点原码小数来表示浮点数的尾数部分。

因此，为运算方便，在计算机中通常将减法运算转换为加法运算，由此引入了反码和补码。

2. 反码

反码是为了解决负数加法运算问题，将减法运算转换为加法运算，从而简化运算规则。反码表示法规定：正数的反码与其原码相同；负数的反码符号位为"1"，数值位为其原码数值位按位取反，即"1"都换成"0"，"0"都换成"1"。例如：

$$X_1 = +66 = +1000010 \qquad [X_1]_反 = 0\ 1000010$$
$$X_2 = -66 = -1000010 \qquad [X_2]_反 = 1\ 0111101$$

反码的特点如下：

① 0 的反码表示不唯一：$[+0]_反 = 0\ 0000000$，$[-0]_反 = 1\ 1111111$。

② 8 位二进制反码的取值范围是：$-127\sim+127$。

反码在计算机中很少被使用，有时用作数码变换的中间表示形式或用于数据效验。

3. 补码

在人们的计算概念中，"0"是没有正负之分的，于是就引入了补码概念。

数的补码与"模"有关。"模"是指一个计数系统的计数量程或一个计量器的容量。任何有"模"的计量器，均可化减法运算为加法运算。例如，时钟的模为 12，若当前时钟指向 10 点，而准确时间为 6 点，这时可以使用两种方法来调整时钟时间：一是逆时针拨时针 4 小时，即 $10-4=6$；二是顺时针拨时针 8 小时，即 $10+8=12+6\equiv 6\ (\mathrm{mod}\ 12)$，仍为 6 点。可见，在以 12 为模的系统中，加 8 和减 4 的效果是一样的。因此，可以说 −4 的补码为 8，或者说 −4 和 +8 对模 12 来说互为补码。

计算机中的存储、运算和传送部件都只有有限位，因此计算机表示的机器数的位数也只有有限位。两个 n 位二进制数在进行运算过程中，可能会产生一个多于 n 位的结果，此时，计算机会舍弃高位而保留低 n 位，这样做可能会产生两种结果。

① 剩下的低 n 位数不能正确表示运算结果,即丢掉的高位是运算结果的一部分。例如,在两个同号数相加时,当相加得到的和超出了 n 位数可表示的范围时出现这种情况,称此时发生了溢出现象。

② 剩下的低 n 位数能正确表示运算结果,即高位的舍去并不影响其运算结果。在两个同号数相减或两个异号数相加时,运算结果就是这种情况。舍去高位的操作相当于"将一个多于 n 位的数去除以 2^n,保留其余数作为结果"的操作,也就是"模运算"操作。

补码表示法规定:对于正数,其补码与原码相同;对于负数,其补码为其反码加 1,即 $[X]_补 = [X]_反 + 1$。例如:

$$X_1 = +66 = +1000010 \qquad [X_1]_补 = 0\ 1000010$$
$$X_2 = -66 = -1000010 \qquad [X_2]_补 = 1\ 0111110$$

补码的特点如下:

① 0 的补码表示唯一:$[+0]_补 = 0\ 0000000,[-0]_补 = 0\ 0000000$。

② 8 位二进制补码的取值范围是:$-128 \sim +127$。

③ 加、减法运算方便。当负数用补码表示时,可以把减法运算转化为加法运算。

④ 由补码求真值:补码最高位为"1"表示真值为负数,真值的绝对值为补码数值位"按位求反加 1 的和"。

3.2.3　数的定点表示与浮点表示

日常生活中所使用的数有整数和实数之分,整数的小数点固定在数的最右边,可以省略不写,而实数的小数点则不固定。计算机中只能表示 0 和 1,无法表示小数点,因此,要使计算机能够处理日常使用的数值数据,必须解决小数点的表示问题。通常计算机中通过约定小数点的位置来实现。小数点位置约定在固定位置的数,称为定点数;小数点位置约定为可浮动的数,称为浮点数。

1. 定点表示法

定点表示法用来对定点小数和定点整数进行表示。对于定点小数,其小数点总是固定在数的左边,一般用来表示浮点数的尾数部分。对于定点整数,其小数点总是固定在数的最右边,因此可用"定点整数"来表示整数 。

2. 浮点表示法

对于任意一个实数 X,可以表示成如下形式:

$$X = (-1)^S \times M \times R^E$$

其中,S 取值为 0 或 1,用来决定数 X 的符号;M 是一个二进制定点小数,称为数 X 的尾数;E 是一个二进制定点整数,称为数 X 的阶或指数;R 是基数,可以取值为 2、4、16 等。在基数 R 一定的情况下,尾数 M 的位数反映数 X 的有效位数,它决定了数的表示精度,有效位数越多,表示精度就越高;阶 E 的位数决定数 X 的表示范围;阶 E 的值确定了小数点的位置。

假定浮点数的尾数是纯小数,那么,从浮点数的形式来看,绝对值最小的非零数形如

$0.0\cdots01\times R^{-11\cdots1}$，绝对值最大的数形如 $0.11\cdots1\times R^{11\cdots1}$。所以，假设 m 和 n 分别表示阶和尾数的位数，基数是 2，则浮点数 X 的绝对值的范围是：

$$2^{-(2^m-1)}\times2^{-n}\leqslant|X|\leqslant(1-2^{-n})\times2^{(2^m-1)}$$

上述公式中，紧靠 $|X|$ 左右两边的两个因子就是非零定点小数的绝对值表示范围，浮点数的最小数是定点小数的最小数 2^{-n} 除以一个很大的数 $2^{(2^m-1)}$，而浮点数的最大数则是定点小数最大数 $(1-2^{-n})$ 乘以这个大数 $2^{(2^m-1)}$，由此可见，浮点数的表示范围比定点数的表示范围要大得多。

3.3 二进制数的运算

二进制数是有自己的运算规则，以下简单介绍其中的算术运算和逻辑运算的规则。

3.3.1 二进制数的算术运算

1. 二进制数的加法
二进制数的加法运算法则是：

$$0+0=0 \qquad 0+1=1 \qquad 1+0=1 \qquad 1+1=0(向高位进位)$$

【例 3-13】 求 $(1101)_2+(0111)_2=?$

解：

$$
\begin{array}{r}
被加数：\quad 1101 \\
加数：+\quad 0111 \\
\hline
结果：\quad 10100
\end{array}
$$

结果：$(1101)_2+(0111)_2=(10100)_2$

2. 二进制数的减法
二进制数的减法运算法则是：

$$0-0=0 \qquad 1-0=1 \qquad 1-1=0 \qquad 0-1=1(向高位借位)$$

【例 3-14】 求 $(1101)_2-(0111)_2=?$

解：

$$
\begin{array}{r}
被减数：\quad 1101 \\
减数：-\quad 0111 \\
\hline
结果：\quad 0110
\end{array}
$$

结果：$(1101)_2-(0111)_2=(0110)_2$

3. 二进制数的乘法
二进制数的乘法运算法则是：

$$0\times0=0 \qquad 0\times1=1\times0=0 \qquad 1\times1=1$$

【例 3-15】 求 $(1101)_2 \times (101)_2 =$?

解:

$$
\begin{array}{r}
被乘数:\qquad 1101 \\
乘数:\times\qquad 101 \\
\hline
1101 \\
0000 \\
1101 \\
\hline
结果:\qquad 1000001
\end{array}
$$

结果: $(1101)_2 \times (101)_2 = (1000001)_2$

4. 二进制数的除法

二进制数的除法运算法则是:

$$0 \div 1 = 0 \qquad 1 \div 1 = 1$$

【例 3-16】 求 $(1001110)_2 \div (110)_2 =$?

解:

$$
\begin{array}{r}
1101 \\
110 \overline{)1001110} \\
110 \\
\hline
111 \\
110 \\
\hline
110 \\
110 \\
\hline
0
\end{array}
$$

结果: $(1001110)_2 \div (110)_2 = (1101)_2$

3.3.2 二进制数的逻辑运算

逻辑数据只有两个值:"真"与"假"、"是"与"否"、"条件成立"与"条件不成立",在计算机中用二进制的"1"与"0"表示。

逻辑运算与算术运算不同,算术运算是将一个二进制数的所有位综合为一个数值整体,低位的运算结果会影响到高位(如进位等),而逻辑运算是按位进行运算,故逻辑运算没有进位或借位。逻辑运算的结果并不表示数值大小,而是表示一种逻辑概念,若成立用真或 1 表示,若不成立用假或 0 表示。常用的逻辑运算有"与"运算、"或"运算、"非"运算和"异或"运算。

1. "与"运算

做一件事情取决于多种因素,只有当所有条件都成立时才去做,否则就不做,这种因果关系称为逻辑"与"。"与"运算通常用符号"∧""∩""AND"表示。

"与"运算规则:

$$0 \wedge 0 = 0 \qquad 0 \wedge 1 = 0 \qquad 1 \wedge 0 = 0 \qquad 1 \wedge 1 = 1$$

即两个参与运算的数,若有一个数为 0,则运算结果为 0;若都为 1,则运算结果为 1。

【例 3-17】　求 01101011 ∧ 11001110 = ?

$$
\begin{array}{r}
01101011 \\
\wedge \quad 11001110 \\
\hline
01001010
\end{array}
$$

结果:01101011 ∧ 11001110 = 01001010

2. "或"运算

做一件事情取决于多种因素,只要其中有一个因素满足就去做,这种因果关系称为逻辑"或"。"或"运算通常用符号"∨""∪"OR 来表示。

"或"运算规则:

$$0 \vee 0 = 0 \qquad 0 \vee 1 = 1 \qquad 1 \vee 0 = 1 \qquad 1 \vee 1 = 1$$

即两个参与运算的数,若有一个数为 1,则运算结果为 1;若都为 0,则运算结果为 0。

【例 3-18】　求 01101011 ∨ 11001110 = ?

$$
\begin{array}{r}
01101011 \\
\vee \quad 11001110 \\
\hline
11101111
\end{array}
$$

结果:01101011 ∨ 11001110 = 11101111

3. "非"运算

逻辑"非"实现逻辑否定,即求"反"运算,"真"变"假"、"假"变"真"。表示逻辑"非"常在逻辑变量上面加一横线,如"非"A 写 $\overline{A}$。

"非"运算规则:

$$\overline{1} = 0 \qquad \overline{0} = 1$$

【例 3-19】　已知 $A = 01101011$,求 $\overline{A}$。

解:$\overline{A} = 10010100$

4. "异或"运算

当参与运算的两个数的值相同时,逻辑"异或"的结果是"假";当参与运算的两个数的值不同时,逻辑"异或"的结果是"真"。"异或"运算通常用符号"⊕"表示。

"异或"运算规则:

$$0 \oplus 0 = 0 \qquad 1 \oplus 1 = 0 \qquad 0 \oplus 1 = 1 \qquad 1 \oplus 0 = 1$$

【例 3-20】　求 01101011⊕11001110 = ?

$$
\begin{array}{r}
01101011 \\
\oplus \quad 11001110 \\
\hline
10100101
\end{array}
$$

结果:01101011⊕11001110 = 10100101

3.4 常用的信息编码

所谓信息编码，就是采用少量的基本符号（数码）和一定的组合规则来区别和表示信息。计算机是以二进制方式组织、存放信息的，所以现实世界中的各种数据信息如果要在计算机中进行运算和处理，都必须用二进制数码 0 和 1 的不同组合，即二进制编码表示。下面介绍几种常用的信息编码方式。

3.4.1 BCD 码

BCD 码是以二进制编码表示的十进制数，其编码方式是用 4 位二进制数表示 1 位十进制数。而 4 位二进制数可以组合成 16 种状态，去掉 10 种状态后还有 6 种冗余状态，所以从 16 种状态中选取 10 种状态表示十进制数的方法很多，因而存在多种 BCD 码方案。

1. 有权 BCD 码

有权 BCD 码是指表示每个十进制数位的 4 个二进制数位（称为基 2 码）都有一个确定的权。最常用的一种编码就是 8421 码，它选取 4 位二进制数按计数顺序的前 10 个代码与十进制数字相对应，每位的权从左到右分别为 8、4、2、1，因此称为 8421 码，也称自然 BCD 码，记为 NBCD 码。

2. 无权 BCD 码

无权 BCD 码是指表示每个十进制数位的 4 个基 2 码没有确定的权。在无权码方案中，用得较多的是余 3 码和格雷（gray）码。

一个十进制数通常用多个对应的 BCD 码组合表示，每个数字对应 4 位二进制数，两个数字占一个字节，数符可用 1 位二进制数表示（1 表示负数，0 表示正数），或用 4 位二进制数表示，并放在数字串最后，通常用 1100 表示正号，用 1101 表示负号。例如，奔腾处理器中的十进制数占 80 位，第一个字节中的最高位为符号位，后面的 9 个字节可表示 18 位十进制数。

3.4.2 ASCII 码

美国信息交换标准代码，简称 ASCII 码，使用指定的 7 位或 8 位二进制数组合来表示 128 或 256 种可能的字符。标准 ASCII 码也叫基础 ASCII 码，使用 7 位二进制数（剩下的 1 位二进制数为 0）来表示所有的大写和小写字母、数字 0～9、标点符号，以及在美式英语中使用的特殊控制字符。

在标准 ASCII 码中，其最高位（b7）用作奇偶校验位。所谓奇偶校验，是指在代码传送过程中用来检验是否出现错误的一种方法，一般分为奇校验和偶校验两种。奇校验规定：正确的代码一个字节中 1 的个数必须是奇数，若非奇数，则在最高位 b7 添 1；偶校验规定：正确的代码一个字节中1的个数必须是偶数，若非偶数，则在最高位b7添1。通过对奇偶校验位设置"1"或"0"状态，保持8位字节中的"1"的个数总是奇数（称为奇校验）或偶数（称为偶校验），用以检测字符在传送（写入或读出）过程中是否出错。

后128个称为扩展ASCII码。许多基于x86的系统都支持使用扩展ASCII码。扩展ASCII码允许将每个字符的第8位用于确定附加的128个特殊符号字符、外来语字母和图形符号。

3.4.3 汉字编码

汉字编码是为汉字设计的一种便于输入计算机的代码。汉字种类繁多，编码比英文字符复杂，从汉字的输入、处理到输出，不同的阶段要采用不同的编码，包括汉字输入码、汉字内码、汉字字形码。汉字输入码比较容易学习和记忆，汉字内码是计算机内部对汉字的表示，要在显示器上显示或在打印机上打印出用户所输入的汉字，需要汉字字形码。用户用汉字输入码输入汉字，系统由汉字输入码找到相应的汉字内码，系统由汉字内码再找到相应的字形码。

1. 汉字输入码

汉字输入码所解决的问题是如何使用英文标准键盘把汉字输入到计算机内。其编码方案主要分从音编码和从形编码两大类。其他类型是相互结合型，或与字义结合，或与检字法结合，或与词组结合。因设计的目的、思想不同，用于编码的元素、所用码元的数量、取码方法和规则，避开同码字和占用键盘键位的方法等，都因设计者而异，因此产生了数百种汉字输入编码方案。

从音编码是以《汉语拼音方案》为基本编码元素，在汉语拼音键盘或经过处理的西文键盘上，根据汉字读音直接键入拼音。只要是掌握汉语拼音的人不需训练和记忆即可使用，但汉字同音字太多，输入重码率较高，因此按拼音输入后还必须进行同音字选择，这就会影响输入速度。

从形编码是以笔画和字根为编码元素，所有的汉字都由横、竖、撇、点、折、弯有限的几种笔画构成，并且又可分为"左右""上下""包围""单体"有限的几种构架，每种笔画都赋予一个编码并规定选取字形构架的顺序，不同的汉字因组成的笔画和字形构架不同，就能获得一组不同的编码来表达一个特定的汉字，广泛使用的"五笔字形"就属于这一种。

除此之外，还有数字编码，利用一串数字表示一个汉字，电报码就属于这种。数字编码输入的优点是无重码，输入码与内部编码的转换比较方便；缺点是代码难记忆。

2. 汉字内码

同一个汉字以不同输入方式进入计算机时，编码长度以及0、1组合顺序差别很大，使得汉字信息进一步存取、使用、交流十分不方便，必须转换成长度一致且与汉字唯一对应的，能在各种计算机系统内通用的编码，满足这种规则的编码称为汉字内码。

汉字内码是用于汉字信息的存储、交换检索等操作的机内代码，一般采用两个字节表示。英文字符的机内代码是7位的ASCII码，当用一个字节表示时，最高位为"0"。为了与英文字符区别,一个汉字的国标码占两个字节,因为西文字符和汉字都是字符,为了在计算机内部能够区分是汉字编码还是 ASCII 码,将汉字国标码两个字节的最高位均规定为"1",变换后的国标码称为汉字机内码。由此可知,汉字机内码的每个字节都大于128,而每个西文字符的 ASCII 码值均小于128。有些系统中字节的最高位用于奇偶校验位或采用扩展 ASCII 码,这种情况下用 3 个字节表示汉字内码。

3. 汉字字形码

计算机内存储的汉字需要在屏幕上显示或在打印机上输出时,需要知道汉字的字形信息,汉字内码并不能直接反映汉字的字形,而要采用专门的字形码。

目前的汉字处理系统中,汉字字形码通常有两种表示方式:点阵和矢量表示方法。

用点阵表示字形时,是将字符的字形分解成若干"点"组成的点阵,将此点阵置于网状上,每一个小方格是点阵中的一个"点",点阵中的每一个点可以有黑白两种颜色,有字形笔画的点用黑色,反之用白色,这样就能描写出汉字字形。如果用二进制的"1"表示黑色点,用"0"表示白色点,每一行 16 个点用两字节表示,则需 32 个字节描述一个汉字的字形。

一个计算机汉字处理系统常配有宋体、黑体、楷体等多种字体,同一个汉字不同字体的字形编码也是不相同的。

根据输出汉字的要求不同,点阵的多少也不同。简易型汉字为 16 * 16 点阵,提高型汉字为 24 * 24 点阵、32 * 32 点阵、48 * 48 点阵等。点阵规模越大,字型越清晰美观,所占存储空间也越大。

矢量表示方式存储的是描述汉字字形的轮廓特征,当要输出汉字时,通过计算机的计算,由汉字字形描述生成所需大小和形状的汉字点阵。矢量化字形描述与最终文字显示的大小,分辨率无关,因此可以产生高质量的汉字输出。Windows 中使用的 TrueType 技术就是汉字的矢量表示方式。

3.4.4 Unicode 码

Unicode 码是由多语言软件制造商组成的统一码联盟制定的一种国际通用字符编码标准,是为了解决传统的字符编码方案的局限而产生的。它为每种语言中的每个字符设定了统一并且唯一的二进制编码,以满足跨语言、跨平台进行文本转换、处理的要求。

Unicode 编码共有三种具体实现,分别为 UTF-8、UTF-16、UTF-32,其中 UTF-8 占用 1~4 字节、UTF-16 占用 2~4 字节、UTF-32 占用 4 字节。Unicode 是字符集,UTF 是一种编码方式,字符集和编码是不同的概念,但有时称呼上有些模糊,经常笼统地称这些 Unicode 字符集为 Unicode 编码。Unicode 字符集只规定了有哪些字符,而最终决定采用哪些字符,每一个字符用多少个字节表示等问题,则由编码来决定。

Unicode 码在全球范围的信息交换领域均有广泛的应用。

本 章 小 结

1. 计算机中采用二进制数存储数据,为了书写和阅读方便,引入八进制数和十六进制数;在日常生活中,更习惯使用十进制数。

2. 每种数值都有自己的数码、基数和权重。

3. 将非十进制数转换成十进制数是按位权重展开并求和。

4. 将十进制数的整数部分转为二进制数采用的是"除2取余"法,将十进制数的小数部分转为二进制数采用的是"乘2取整"法。

5. 计算机中表示信息量的最小单位是位(bit),最基本的单位是字节(Byte)。

6. 数值数据在计算机中有原码、补码和反码三种表示方式。

7. 小数点位置约定在固定位置的数,称为定点数;小数点位置约定为可浮动的数,称为浮点数。

8. 二进制数的算术运算有"加""减""乘""除"四种,逻辑运算有"与""或""非""异或"四种。

9. 常用的信息编码方式有:BCD 码、ASCII 码、汉字编码、Unicode 码等。

10. 汉字编码比较复杂,从汉字的输入、处理到输出,不同的阶段要采用不同的编码,包括汉字输入码、汉字内码、汉字字形码。

习 题

1. 将下列十进制数转换为二进制数。

100　　21.75　　−3.1　　1.35　　255　　64

2. 将下列二进制数转换为十进制数。

11011　　101　　−10.011　　0.11　　−111.111

3. 将下列二进制数转换为八进制数和十六进制数。

$(10110011)_2$　　$(1101001.11)_2$

4. 将下列八进制数转换为二进制数。

$(1257)_8$　　$(425.354)_8$

5. 将下列十六进制数转换为二进制数。

$(AB3F)_{16}$　　$(2AB.4CD)_{16}$

6. 分别求下列真值的原码、反码和补码(码的长度为 8 位二进制数)。

＋1111　　−1111　　−0　　＋0　　＋1010　　−1010

7. 十进制小数到二进制形式的转换是不精确的,用这一点能否否定在计算机中引入二进制的合适性? 为什么?

8. 计算机中处理、存储、传输信息的最小单位和最基本的单位分别是什么?

9. 常用的信息编码方式有哪些?

第 4 章 操作系统

操作系统是作为计算机硬件和计算机用户之间中介的程序。设计操作系统的目的是为用户提供方便且有效的执行程序的环境。操作系统是管理计算机硬件的软件,大型机的操作系统设计的主要目的是充分优化硬件的使用率,个人计算机的操作系统是为了支持从复杂游戏到商业应用的各种事物,手持计算机的操作系统是为了给用户提供一个可以与计算机方便地交互并执行程序的环境。

4.1 操作系统的定义

目前没有一个关于操作系统的十分完整的定义。操作系统之所以存在,是因为它们提供了解决创建可用的计算机系统问题的合理途径。计算机系统的基本目标是执行用户程序并能更容易地解决用户问题,为实现这一目标,构造了计算机硬件。由于仅仅有硬件并不一定容易使用,因此开发了应用程序。这些应用程序需要一些共同操作,如控制 I/O 设备。这些共同的控制和分配 I/O 设备资源的功能集合组成了一个软件模块——操作系统。操作系统能有效地组织和管理计算机系统中的硬件及软件资源,使用户灵活、方便、有效地使用计算机,并使整个计算机系统高效运行。

操作系统是控制应用程序执行的程序,是应用程序和计算机硬件之间的接口,具有 3 个特点,即方便、有效和扩展能力。方便是指操作系统使计算机更易于使用;有效是指操作系统允许以更有效的方式使用计算机系统资源;扩展能力是指在构造操作系统时,应允许在不妨碍服务的前提下,有效地开发、测试和引入新的系统功能。

4.1.1 作为用户/计算机接口的操作系统

计算机系统组成部分的逻辑图如图 4-1 所示。应用程序的用户,即终端用户,通常并不关心计算机的硬件细节,因此,终端用户把计算机系统视为一组应用程序。一个应用程序可以用一种程序设计语言描述,并由程序员开发而成。若用一组完全负责控制计算机硬件的机器指令开发应用程序,则非常复杂。为简化这一任务,需要提供一些系统程序,其中一部分称为使用工具或库程序,它们实现了创建程序、管理文件和控制 I/O 设备时经常使用的功能。程序员在开发应用程序时,将使用这些功能提供的接口;应用程序在运行时,将调用这些实用工具来实现特定的功能。最重要的系统程序是操作系统,操作系统为程序员屏蔽了硬件细节,并为程序员使用系统提供了方便的接口。它作为中介,使程序员及应用程序更容易访问和使用这些功能和服务。

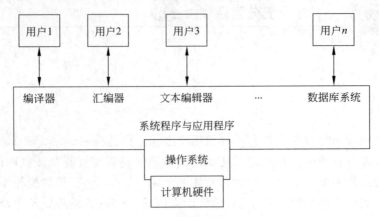

图 4-1　计算机系统组成部分的逻辑图

4.1.2　作为资源管理器的操作系统

一台计算机就是一组资源,这些资源用于移动、存储和处理数据,并对这些功能进行控制,而操作系统负责管理这些资源。

操作系统控制处理器使用其他系统资源,并控制其他程序的执行时机。但处理器要做任何一件这类事情时,都必须停止执行操作系统程序,而去执行其他程序。因此,这时操作系统会释放对处理器的控制,让处理器去做其他一些有用的工作,然后用足够长的时间恢复控制权,让处理器准备好做下一件工作。

当一个计算机(或网络)有多个用户时,因为用户间可能会互相干扰,所以管理和保护存储器、I/O 设备及其他资源的需求变得强烈。另外,用户通常不仅共享硬件,还要共享信息(如文件、数据库等)。简而言之,操作系统的主要任务是记录哪个程序在使用什么资源,对资源请求进行分配,评估使用代价,并且为不同的程序和用户调解相互冲突的资源请求。

资源管理通过在时间上复用和在空间上复用两种不同方式实现多路复用(共享)资源。当一种资源在时间上复用时,不同的程序或用户轮流使用它,先是第一个获得资源的使用,然后下一个,以此类推。例如,若在系统中只有一个 CPU,而多个程序需要在该 CPU 上运行,操作系统则首先把该 CPU 分配给某个程序,在它运行了足够长的时间之后,另一个程序得到 CPU,然后下一个,如此运行下去,最终轮到第一个程序再次运行。至于资源是如何实现时间复用的,谁应该是下一个,以及运行多长时间等,则是操作系统的任务。

空间复用是指每个客户都得到资源的一部分,从而取代客户排队。例如,在若干运行程序之间分割内存,这样每个运行程序都可同时入驻内存。假设有足够的内存可以存放多个程序,那么在内存中同时存放若干个程序的效率,比把所有内存都分给一个程序的效率要高得多,尤其当一个程序只需要整个内存的小部分时,结果更是这样。当然,这样的做法会引起公平、保护等问题,这有赖于操作系统解决它们。有关空间复用的其他资源还有磁盘,在许多系统中,一个磁盘同时为许多用户保存文件,分配磁盘空间并记录谁正在使用哪个磁盘块,是操作系统的典型任务。

4.1.3　操作系统的易扩展性

当硬件升级和新型硬件出现时,操作系统应能不断发展,以适应用户的需求或满足系统管理员的需要,应扩展操作系统以提供新的服务。

任何一个操作系统都会存在错误,随着时间的推移,这些错误会逐渐被人们发现并引入相应的补丁程序。

操作系统的经常性变化使得在构造系统时应该采用模块化的结构,清楚地定义模块间的接口,并备有说明文档。

4.2　操作系统的功能

操作系统在计算机系统中具有非常重要的地位,承担着计算机系统中全部的管理功能。按照资源管理的观点,操作系统的这些功能主要可分为进程管理、存储管理、文件管理、设备管理和接口管理。

4.2.1　进程管理

进程是操作系统设计的核心,Multics 的设计者在 20 世纪 60 年代首次使用了这一术语,它比作业更为通用。

进程本质上是正在执行的一个程序,与每个进程相关的是地址空间,这是从某个最小值的存储位置(通常是零)到某个最大值的存储位置的列表。在这个地址空间中,进程可以进行读写。该地址空间中存放有可执行程序、程序的数据、程序的堆栈。与每个进程相关的还有资源集,通常包括寄存器(含有程序计算器和堆栈指针)、打开文件的清单、突出的报警、有关进程清单,以及运行该程序所需要的所有其他信息。进程基本上是容纳运行一个程序所需要的所有信息的容器。

分析一个多道程序系统。用户启动一个视频编辑程序,指示它按照某个格式转换一个视频,然后离开去浏览网页,同时,后台运行一个用来检查进来的电子邮件的程序。这样,就有了 3 个活动进行:视频编辑器、Web 浏览器和电子邮件接收程序。操作系统周期性地挂起一个进程然后启动运行另一个进程。

一个进程暂时被挂起后,在随后的某个时刻里,该进程再次启动时的状态必须与先前暂停时完全相同,这就意味着挂起时该进程的所有信息都要保存下来。例如,为了同时读入信息,进程打开了若干文件,在每个打开的文件中都有一个指向当前位置的指针(即下一个将读出的字节或记录），在一个进程暂时被挂起时，所有这些指针都必须保存起来，这样在该进程重新启动之后，所执行的读调用才能读到正确的数据。在许多操作系统中，与一个进程有关的所有信息，除了该进程自身地址空间的内容以外，均存放在操作系统的一张表中，称为进程表。进程表为数组或链表结构，当前存在的每个进程都要占用其中一项。所以一个进程包括进程的地址空间及对应的进程表项。

进程管理主要包括进程控制、进程同步、进程间通信和进程调度等几方面的内容。其中，进程控制主要处理进程的创建、状态转换、进程撤销，以及相关的进程资源的分配与回收等事务；进程同步主要处理进程之间的关系，包括进程的同步和互斥；进程间通信主要处理相互协作进程之间信息的交换问题；而进程调度则是按照一定的算法从就绪队列中挑选一个进程在处理器中真正执行它。

① 进程控制：在多道程序环境下，进程是操作系统进行资源分配的单位。在进程创建时，系统要为进程分配各种资源，例如内存、外设等；在进程退出的时候系统要从进程空间中回收被分配给它的资源。进程控制的主要任务就是创建进程、撤销结束的进程、控制进程运行时的各种状态转换。

② 进程同步：多个进程的执行是并发的，它们以异步的方式运行，它的执行进度也是不可预知的。为了使多个进程可以有条不紊地运行，操作系统要提供进程同步机制，以协调进程的执行。一般有两种协调方式：互斥和同步。互斥是指多个进程对临界资源访问时采用互斥的形式；同步则是在相互协作共同完成任务的进程之间，用同步机制协调它们之间的执行顺序。

最简单的实现互斥的方法就是给资源加锁，并提供操纵锁变量的原语，包括开锁和关锁原语。所谓原语就是指具有某种功能，运行时有"原子性"的小段程序。原子性可保证这一段程序要么全部被执行，要么全部不起作用，即这一操作不可以被进一步分割或者打断。

③ 进程间通信：进程间通信主要发生在相互协作的进程之间。既然需要协作，那么协作的进程之间，就存在着信息或数据的交换。由操作系统提供的进程间通信机制是协作的进程之间相互交换数据和消息的手段。一个比较典型的例子是通过网络的在线流式媒体播放。流式媒体源获取线程（线程是现代操作系统中处理器时间分配的基本单位，代表一个指令的执行流及执行的上下文环境；一个进程可以包含多个线程），负责将媒体数据从远端的服务站点下载到本地的数据缓存中；流媒体的播放线程负责将缓存中的数据进行流媒体数据分离（视频流和音频流）和解码，还原成实际的图像帧和声音数据；然后渲染线程把前面的数据送往显示设备和声音设备。在整个播放过程中，为了保证播放的流畅，这三个线程的执行是有一定关系的：原始数据获取的速度要比解码的速度快，解码的速度又要和渲染输出的速度匹配。这种执行速度的协调及数据在不同线程之间的传递就需要进程间通信和进程同步机制来共同保证。

④ 进程调度：调度又称为处理器调度，通常包括进程调度、线程调度和作业调度等。进程（线程）调度的任务就是从进程（线程）的就绪队列中按照一定的算法挑选出一个作业，把处理器资源分配给它，并准备好特定的执行上下文让它执行起来。作业调度的基本任务则是从作业后备队列中按照一定的算法挑出若干个作业，并依照作业说明书为它们

分配一定的资源,把它们装入内存并为每个作业建立相应的进程。

4.2.2 存储管理

每台计算机都有一些内存,用来保存正在执行的程序。在非常简单的操作系统中,内存中一次只能有一个程序,如果要运行第二个程序,第一个程序就必须被移出内存,再把第二个程序装入内存。较复杂的操作系统允许在内存中同时运行多道程序,为了避免它们相互干扰,需要某种保护机制,虽然这种机制必然是硬件形式的,但是由操作系统掌控的。

另一种对计算机内存的管理和保护是管理进程的地址空间。在最简单的情况下,一个进程可拥有的最大地址空间小于主存,这样进程可以用满其地址空间,并且内存中也有足够的空间容纳该进程。但是,在许多 32 位或 64 位地址的计算机中,分别有 2^{32} 或 2^{64} 字节的地址空间,如果一个进程有比计算机拥有的主存还大的地址空间,而且该进程希望使用全部内存,那怎么办呢?这可以使用虚拟内存技术来实现。操作系统可以把部分地址空间装入主存,部分留在磁盘上,并且在需要时来回交换它们。在本质上,操作系统创建一个地址空间的抽象,作为进程可以引用地址的集合,该地址空间与机器的物理内存解耦,可能大于也可能小于该物理空间。对地址空间和物理空间的管理组成了操作系统功能的一个重要部分。

4.2.3 文件管理

在计算机系统中的信息资源(如程序和数据)是以文件的形式存放在外存储器上的,需要时再把它们装入内存。操作系统一般都提供很强的文件系统。文件管理的任务是有效地支持文件的存储、检索和修改等操作,解决文件的共享、保密和保护问题,以使用户方便、安全地访问文件。

① 文件存储空间的管理:任何文件存放在外存储器上,都需要以某种形式占据外存储器的空间。文件系统的一个很重要的功能就是为每个文件分配一定的外存空间,并且尽可能提高外存空间的利用率和文件访问的效能。文件系统设置专门的数据结构记录文件存储空间的使用情况。为了提高空间利用率,存储空间的分配通常采用离散分配方式,即以 512 字节或者几千字节的块为基本单位进行分配。

② 目录管理:目录管理的主要任务就是给出组织文件的方法。它为每个文件建立目录项,并对众多的目录项进行有效的组织,以便为用户提供方便的按名存取。

③ 文件系统的安全性管理:安全性管理包括文件的读写权限管理及存取控制,用以防止未经核准的用户存取文件,防止越权访问文件,防止使用不正确的方式访问文件。

4.2.4 设备管理

在现代计算机系统中,通常存在着大量的外部设备,从键盘、鼠标、显示器到彩色打印机、数字音响设备、DVD等。这些外部设备的种类繁多,功能差异很大。如果要求每个用户亲自对连接到计算机系统中的各种不同的外部设备进行控制操作,实际是行不通的。

操作系统应该向用户提供设备管理。这里的设备管理是指对计算机系统中除了CPU和内存以外的所有输入、输出设备的管理。由操作系统的设备管理功能负责外部设备的分配、启动和故障处理,用户不必详细了解设备及接口的技术细节,就可以方便地通过操作系统提供的设备管理手段,对设备进行操作。

在操作系统中,为了提高设备的使用效率和整个系统的运行速度,需要采用一系列的技术,包括中断技术、通道技术、虚拟设备技术和缓冲技术等,尽可能发挥设备和主机的并行工作能力。此外,设备管理应为用户提供一个良好的界面,使用户不必涉及具体设备的物理特性即可方便灵活地使用这些设备。

除此之外,操作系统还要具备中断处理、错误处理等功能。操作系统的各功能之间并非完全独立的,它们之间存在着相互依赖的关系。

4.2.5　接口管理

除了上述四项功能之外,操作系统还应该向用户提供使用系统本身的手段,这就是用户与计算机系统之间的接口。

从用户的观点来看,操作系统是用户与计算机系统之间的接口。因此,接口管理的任务是为用户提供一个使用系统的良好环境,使用户能有效地组织自己的工作流程,并使整个系统能高效地运行。

4.3　操作系统的分类

操作系统已经存在了半个多世纪,其间出现了各种类型的操作系统。以下简要介绍其中的9种操作系统。

4.3.1　大型机操作系统

用于大型机的操作系统主要面向多个作业的同时处理,多数这样的作业需要巨大的I/O能力。系统主要提供三类服务:批处理、事务处理和分时。批处理系统处理不需要交互式用户干预的周期性作业。保险公司的索赔处理或连锁商店的销售报告通常就是以批处理方式完成的。事务处理系统负责大量小的请求,例如银行的支票处理或者航班预订。每个业务量都很小,但是系统必须每秒处理成百上千个业务。分时系统允许多个远程用户同时在计算机上运行作业,如在大型数据库上的查询。这些功能是密切相关的,大型机操作系统通常完成所有这些功能。例如,OS/390就是一种大型机操作系统,当然,大型机操作系统正在逐渐被诸如Linux这类UNIX的变体所替代。

4.3.2 服务器操作系统

服务器操作系统在服务器上运行,服务器可以是大型的个人计算机、工作站,甚至是大型机。它们通过网络同时为若干个用户服务,并且允许用户共享硬件和软件资源。服务器可提供打印服务、文件服务和 Web 服务。Internet 提供商运行着许多台服务器,为用户提供支持,使 Web 站点保存 Web 页面并处理进来的请求。典型的服务器操作系统有 Solaris、FreeBSD、Linux 和 Windows Server。

4.3.3 多处理器操作系统

获得大量联合计算能力的常用方式是将多个 CPU 连接成单个的系统,依据连接和共享方式的不同,这些系统称为并行计算机、多计算机或多处理器。它们需要专门的操作系统,通常采用的操作系统是配有通信、连接和一致性等专门功能的服务器操作系统的变体。许多主流的操作系统,包括 Windows 和 Linux 都可以运行在多核处理器上。

4.3.4 个人计算机操作系统

现代个人计算机操作系统都支持多道程序处理,在启动时,通常有几十个程序开始运行,它们的功能是为单个用户提供良好的支持。这类系统广泛用于文字处理、电子表格、游戏和 Internet 访问。常见的有 Windows 7、Windows 10 等。

4.3.5 掌上计算机操作系统

随着系统越来越小型化,出现了平板计算机、智能手机和其他掌上计算机系统。这部分市场已经被谷歌的 Android 系统和苹果的 iOS 主导。大多数的掌上计算机设备是基于多核 CPU、GPS、摄像头及其他的传感器、大量内存和精密的操作系统,并且,它们都有多到数不清的第三方应用(App)。

4.3.6 嵌入式操作系统

嵌入式系统在用来控制设备的计算机中运行,这种设备不是一般意义上的计算机,并且不允许用户安装软件,例如微波炉、洗衣机、汽车等。区别嵌入式系统与掌上设备的主要特征是,不可信的软件肯定不能在嵌入式系统上运行。例如,用户不能给自己的微波炉下载新的应用程序——所有的软件都保存在 ROM 中,这意味着应用程序之间不存在保护,这样系统就获得了某种简化。在这个领域中,主要的嵌入式操作系统有嵌入式Linux、QNX 和 VxWorks 等。

4.3.7 传感器节点操作系统

传感器节点是一种可以彼此通信并且使用无线通信基站的微型计算机,这类传感器网络可以用于建筑物周边保护、国土边界保护、森林火灾探测、气象预测用的温度和降水测量、战场上敌方运动的信息收集等。

传感器是一种内建有无线电的电池驱动的小型计算机,它们能源有限,必须长时间工作在无人的户外环境中,通常是恶劣的条件下,其网络必须足够健壮,允许个别节点失效,随着电池开始耗尽,这种失效节点会不断增加。

每个传感器节点是一个配有 CPU、RAM、ROM 以及一个或多个环境传感器的实实在在的计算机。节点上运行一个小型但真实的操作系统,通常这个操作系统是事件驱动的,可以响应外部事件,或者基于内部时钟进行周期性的测量。因为节点的 RAM 很小,所以该操作系统必须小型且简单,且需要考虑电池寿命;另外,和嵌入式系统一样,所有的程序是预先装载的,这样就使得设计大为简化。TinyOS 是一个用于传感器节点的知名操作系统。

4.3.8 实时操作系统

实时操作系统将时间作为关键参数。例如,在工业过程控制系统中,工厂中的实时计算机必须收集生产过程的数据并用有关数据控制机器。通常,实时操作系统还必须满足严格的最终时限。例如,汽车在装配线上移动时,必须在限定的时间内进行规定的操作,如果焊接机器焊接得太早或太迟,都会损坏汽车。如果某个动作必须绝对地在规定的时刻(或规定的时间范围)发生,这就是硬实时系统。可以在工业过程控制、民用航空、军事及类似应用中看到很多这样的系统,这些系统必须提供绝对保证,以某个特定的动作在给定的时间内完成。另一类实时系统是软实时系统,在这种系统中,虽然不希望偶尔违反最终时限,但仍可以接受,并且不会引起任何永久性的损害。数字音频或多媒体系统就是这类系统。智能手机也是软实时系统。

由于在(硬)实时系统中满足严格的时限是关键,所以操作系统就是一个简单的与应用程序链接的库,各个部分必须紧密耦合并且彼此之间没有保护,这种实时系统的例子有 eCos。

掌上计算机操作系统、嵌入式操作系统、实时操作系统的分类之间有不少是彼此重叠的,几乎所有这些系统至少存在某种软实时系统。

4.3.9 智能卡操作系统

最小的操作系统运行在智能卡上,智能卡是一种包含一块 CPU 芯片的信用卡,它有非常严格的运行能耗和存储空间的限制。其中,有些智能卡只具有单项功能,如电子支付,但是其他的智能卡则拥有多项功能,它们有专用的操作系统。

有些智能卡是面向 Java 的,这意味着在智能卡的 ROM 中有一个 Java 虚拟机(JVM)解释器,Java 小程序被下载到卡中并由 JVM 解释器解释。有些卡可以同时处理多个 Java 小程序,这就是多道程序,并且需要对它们进行调度,在两个或多个小程序同时运行时,资源管理和保护就成为突出的问题,这些问题必须由卡上的操作系统(通常是非常原始的)处理。

4.4 微软 Windows 操作系统简介

微软 Windows 操作系统系列是美国微软公司研发的一套操作系统,问世于 1985 年,起初仅仅是 Microsoft-DOS 模拟环境,后续的系统版本由于微软公司不断更新升级,不但易用,而且是当前应用最广泛的操作系统。目前市场上主流的 Windows 操作系统是 Windows 10,市场占有率已超过 50%。

4.4.1 Windows 10 基本知识

微软公司真正意义上的图形界面操作系统是从 Windows 95 开始的,后续又开发了 Windows XP、Windows 7、Windows 8 等操作系统。Windows 10 的到来重新回归到经典的 Windows 开始菜单,更符合大部分用户的使用习惯。Windows 10"开始"菜单由两部分组成,左侧为传统列表式"开始"菜单界面,右侧会显示用户最近经常访问的应用。

2016 年 10 月 1 日,微软正式开放 Windows 10 技术预览版下载服务,与之前的操作系统相比,Windows 10 具有以下特点。

1. 生物识别功能

Windows 10 系统中的生物识别功能包括指纹识别、人脸识别和虹膜识别。借助新的 3D 红外摄像头,使用生物识别功能登录系统,可以大大提高 Windows 10 的安全性。

2. 强大的 Contana

Contana 是一款新推出的人工智能软件,和大家普遍认识的智能语音助手一样,通过说话就可以帮你解决问题。另外 Contana 还有强大的数据分析功能,记录你使用过的操作,进而分析出你的兴趣爱好,为你设置生活和工作提醒,收发信息,创建日程安排等,具有非常强大的个性化体验。

3. 平板模式

Windows 10 不但提供了优化触控屏设备的功能,而且可转换为平板模式。开始菜单和应用以全屏模式运行,用户可以根据自己的需求,在平板模式与桌面模式之间自由切换。

4. 虚拟桌面的出现

在没有多显示器配置的情况下,依然可以完成对桌面的整理。Windows 10 虚拟桌面的出现,使得用户可以将窗口放进不同的虚拟桌面之中,并在其中进行自由切换,方便用户对桌面的整理。

5. 进化后的开始菜单

Windows 10 把"开始"菜单功能与 Windows 8 开始屏幕进行有机结合。当用户单击屏幕左下角的 Windows 图标打开"开始"菜单之后,在左侧将会看到系统关键设置和应用列表,在右侧将会出现标志性的动态磁贴"开始"菜单的回归,令用户感到亲切,使用更加方便。

6. 多任务视图按钮

在 Windows 10 的任务栏中,新增了 Contana 和多任务视图按钮,在系统托盘内标准工具上,用户不但可以查看到可用的 WiFi 网络,可以对系统音量和显示器亮度进行调节,而且可以通过放大尺寸缩略图的方式预览 Windows 10 的任务切换器。

7. 便利的通知中心

Windows Phone 8.1 的通知中心功能已加入 Windows 10 当中,用户不但可以方便地查看来自不同应用的通知,而且可以享用通知中心底部提供的一些系统功能,如平板模式、便签和定位等。

8. 文件资源管理器升级

Windows 10 的文件资源管理器会在主页面上显示出用户常用的文件和文件夹,用户可以根据需求快速获取内容。

9. 兼容性与安全性增强

Windows 10 可以通过 Windows 7 免费升级,在升级过程中,系统对固态硬盘、生物识别、高分辨率屏幕等部件进行了优化支持与完善,兼容性增强。Windows 10 除了继承旧版 Windows 的安全功能之外,还增加了 Windows Hello、Microsoft Passport Device Guard 等安全功能。

10. 新技术的融合

Windows 10 对新技术进行了融合,如云服务智能移动设备、自然人机交互等,深入地改进与提高了其易用性与安全性。

4.4.2　操作窗口、对话框与"开始"菜单

1. Windows 10 窗口

在 Windows 10 中,几乎所有的操作都要在窗口中完成,在窗口中的相关操作一般是通过鼠标和键盘来进行的。例如,双击桌面上的"此计算机"图标将打开"计算机"窗口,如图 4-1 所示,这是一个典型的 Windows 10 窗口。

2. Windows 10 对话框

对话框实际上是一种特殊的窗口,执行某些命令后将打开一个用于对该命令或操作对象进行下一步设置的对话框,用户可通过选择选项或输入数据来进行设置。选择不同的命令,所打开的对话框也各不相同,但其中包含的参数类型是类似的。Windows 10 对

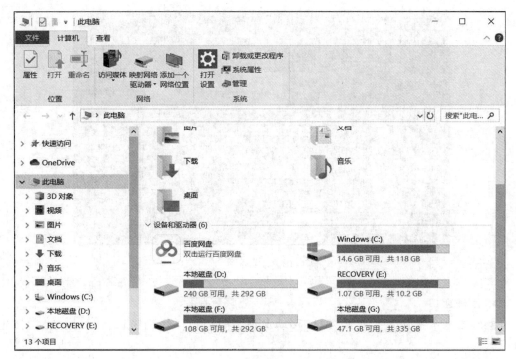

图 4-1　"计算机"窗口

话框中各组成元素如图 4-2 所示。

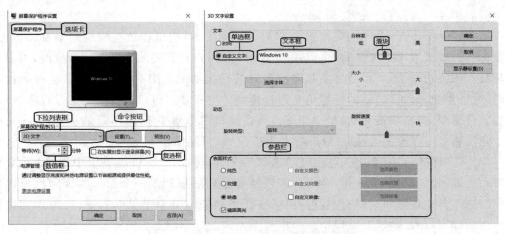

图 4-2　Windows 10 对话框中各组成元素

3."开始"菜单

在 Windows 10 中,"开始"菜单键省去了文字"开始"而只保留了▦图标。所有的应用程序都在"开始"菜单中显示。单击▦按钮,即可打开"开始"菜单,如图 4-3 所示。"开始"菜单是操作计算机的重要门户,即使桌面上没有显示的文件或程序,通过"开始"菜单也能轻松找到相应的文件或程序。

图 4-3 "开始"菜单

4. 管理窗口

窗口的基本操作包括打开窗口、移动窗口、缩放窗口、排列窗口、切换窗口、关闭窗口等。

(1) 打开窗口: 选中要打开的窗口,然后双击打开;或者在选中的图标上右击,在其快捷菜单中选择"打开"命令。

(2) 移动窗口: 移动窗口时用户只需要在标题栏上按下鼠标左键拖动,移动到合适的位置后再松开,即可完成"移动"命令。

(3) 缩放窗口: 当用户只需要改变窗口的宽度时,可把鼠标放在窗口的垂直边框上,当鼠标指针变成双向的箭头时,可以任意拖动。当用户只需要改变窗口的高度时,可以把鼠标放在水平边框上,当指针变成双向箭头时进行拖动。当用户需要对窗口进行等比缩放时,可以把鼠标放在边框的任意角上进行拖动。用户在对窗口进行操作的过程中,可以根据自己需要,把窗口最大化、最小化等。单击窗口右上角按钮"—",可最小化;单击窗口右上角按钮 ▭,可最大化;单击窗口右上角按钮 ◻,可还原。

(4) 排列窗口: 在任务栏空白处单击鼠标右键,在弹出的快捷菜单中选择"层叠窗口"命令,即可以层叠的方式排列窗口;窗口层叠排列后拖动某一个窗口的标题栏可以将该窗口拖至其他位置,并切换为当前窗口;在任务栏空白处单击鼠标右键,在弹出的快捷菜单中选择"撤销层叠所有窗口"命令,恢复至原来的显示状态。

(5) 切换窗口: 无论打开多少个窗口,当前窗口只有一个且所有的操作都是针对当前窗口进行的,此时,需要切换成当前窗口,切换窗口除了可以通过单击窗口进行切换外,Windows 10 还提供了以下 3 种切换方法,即通过任务栏中的按钮切换;按"Alt+Tab"组合键切换;按"Win+Tab"组合键切换。

(6) 关闭窗口: 直接在标题栏上单击"关闭"× 按钮;单击控制菜单栏按钮,在弹出的菜单中选择"关闭"命令;使用"Alt+F4"组合键。

4.4.3 管理文件和文件夹资源

文件是具有某种相关信息的数据的集合,例如一个程序、一个文档、一张照片都是文件。在 Windows 10 中,所有的程序和数据都是以文件的形式存放在存储器上的。文件夹(目录)是系统组织和管理文件的一种形式。文件夹可以包含多种不同类型的文件,例如文档、音乐、图片、视频、程序。可以将其他位置上的文件(例如,其他文件夹、计算机或者 Internet 上的文件)复制或移动到某个文件夹中,在文件夹中可以再创建文件夹。

1. 文件名及文件夹名

每个文件必须要有一个文件名,文件名由主文件名和扩展名两部分组成,其间用"."隔开。主文件名不能省略,并且不能超过 255 个字符。文件扩展名一般用来说明文件的类型。

(1) 文件及文件夹的命令规则。

① 文件或者文件夹名称不得超过 255 个字符,文件名可以包含字母、汉字、数字和部分符号,但不能包含"?、\ * ｜""＜＞"等非法字符。

② 文件名不区分字母的大小写,即同一字母的大小写等同,但在显示时可以保留大小写格式。

③ 文件名可以包含多个间隔符。

(2) 通配符的使用。在 Windows 10 中可以使用" * "和"?"作为通配符查找文件。用" * "代表任意多个字符,用"?"代表任意某一个单个字符。

2. 选择文件

(1) 选择单个文件或文件夹:使用鼠标直接单击文件或文件夹图标即可将其选中,被选中的文件或文件夹的周围将呈蓝色透明状显示。

(2) 选择多个相邻的文件和文件夹:可在窗口空白处按住鼠标左键不放,并拖动鼠标框选中需要选择的多对象,再释放鼠标即可。

(3) 选择多个连续的文件和文件夹:用鼠标选择第一个对象,按住"Shift"键不放,再单击最后一个对象,可选择两个对象中间的所有对象。

(4) 选择多个不连续的文件和文件夹:按住"Ctrl"键不放,再依次单击所要选择的文件或文件夹,可选择多个不连续的文件和文件夹。

(5) 选择所有文件和文件夹:直接按"Ctrl＋A"组合键,或选择"编辑"→"全选"命令,可以选择当前窗口中的所有文件或文件夹。

3. 文件及文件夹的基本操作

(1) 文件夹的建立。在"此电脑"或"资源管理器"中,打开要在其中创建新文件夹的文件夹,在空白处右击,在弹出的快捷菜单中选择"新建"命令,在弹出的级联菜单中选择"文件夹",系统即在当前文件夹内提供一个暂时命名为"新建文件夹"的文件夹图标,此时可直接输入自定义的文件夹名,按回车键确认。

(2) 查看文件属性。文件属性窗口用来显示所选文件详细的属性信息,通过右击选中文件,在弹出的快捷菜单中选择属性,用户可以查看该文件的名称、位置、大小等信息。

(3) 删除文件或文件夹。选中要删除的文件或文件夹,然后按"Del"键,或选择"文件"中的"删除"命令,或通过右键快捷菜单的"删除"命令,或用鼠标拖动选中的文件或文件夹到回收站中。删除文件或文件夹时,系统将弹出确认框,单击"是"按钮将执行删除操作,单击"否"按钮取消删除操作。

(4) 复制文件或文件夹。复制文件或文件夹是指让某文件或文件夹及其所包含的文件和子文件产生副本,放到新的位置上,原位置上的文件或文件夹仍然保留。选中要复制的文件或文件夹,选择"文件"中的"复制"命令,打开目标文件夹窗口,选择"文件"中的"粘贴"命令,也可以直接按"Ctrl+C"以及"Ctrl+V"组合键完成。

(5) 移动文件或文件夹。移动文件或文件夹是指移动某一文件或文件夹及其所包含的文件和子文件夹至新的位置。移动文件或文件夹的方法与复制文件或文件夹的方法类似,所不同的是把"复制"命令改为"剪切"命令。移动操作与复制操作的不同点是,移动后原位置上的文件或文件夹不存在了。也可以直接按"Ctrl+X"与"Ctrl+V"组合键完成。

4.4.4 管理程序和硬件资源

1. 认识控制面板

控制面板是 Windows 10 中系统管理与设置的界面,如图 4-4 所示。在"开始"菜单中选择"Windows 系统"就能看到控制面板。在"控制面板"窗口中单击不同的超链接可以进入相应的子分类设置窗口或打开参数设置对话框。

图 4-4 控制面板

2. 计算机软件的安装

做好软件安装的准备工作后,即可开始安装软件。安装软件的一般方法及注意事项如下。

（1）将安装光盘放入光驱，然后双击其中的"setup.exe"或"install.exe"文件，打开"安装向导"对话框，根据提示信息进行安装。

（2）从网上下载软件并存放在硬盘中，在资源管理器中找到该安装程序的存放位置，双击"setup.exe"或"install.exe"文件安装可执行文件，再根据提示进行操作。

（3）软件一般安装在除系统盘的其他磁盘分区中，最好是专门用一个磁盘分区来放置安装程序。杀毒软件和驱动程序等软件可安装在系统盘中。

（4）很多软件在安装时要注意取消其开机启动选项，否则其会默认设置为开机启动软件，不但影响计算机启动的速度，还会占用系统资源。

（5）为确保安全，从网上下载的软件应事先进行查毒处理，然后再运行安装。

3. 计算机硬件的安装

硬件设备通常可分为即插即用型和非即插即用型两种。通常，将可以直接连接到计算机中使用的硬件设备称为即插即用型硬件，如 U 盘和移动硬盘等可移动存储设备，该类硬件不需要手动安装驱动程序，与计算机接口相连后系统可以自动识别，从而可以在系统中直接运行。非即插即用型硬件是指连接到计算机后，需要用户自行安装驱动程序的计算机硬件设备，如打印机、扫描仪和摄像头等。要安装这类硬件，还需要准备与之配套的驱动程序，一般会在购买硬件设备时由厂商提供安装程序。

本 章 小 结

（1）操作系统是现代计算机必不可少的最重要的系统软件，是计算机正常运行的指挥中心。

（2）操作系统能够管理计算机系统中的各种资源，合理组织计算机的工作流程，协调计算机系统的各部分工作，为用户提供良好的工作界面。

（3）操作系统主要有进程管理、存储管理、文件管理、作业管理和设备管理等基本功能。

（4）本章简单介绍了常见的 9 种操作系统：大型机操作系统、服务器操作系统、多处理器操作系统、个人计算机操作系统、掌上计算机操作系统、嵌入式操作系统、传感器节点操作系统、实时操作系统、智能卡操作系统。

（5）Windows 10 的新增功能及基本操作。

习 题

1. 操作是对（   ）进行管理的软件。

　　A. 软件　　　　　　B. 硬件　　　　　C. 计算机资源　　　　D. 应用程序

2. 从用户的观点看，操作系统是（   ）。

　　A. 用户和计算机之间的接口

B. 控制和管理计算机资源的软件

C. 合理组织计算机工作流程的软件

D. 由若干层次的程序按一定的结构组成的有机体

3. 操作系统的主要功能有_____、_____、_____、_____和_____。

4. 进程管理包括_____、_____、_____和_____。

5. 什么是操作系统？

6. 列举两个你熟悉的操作系统，谈谈它们的特点。

第 **5** 章 计算机网络

计算机网络是现代通信技术与计算机技术相结合的产物。近十几年来,互联网 (Internet)深入到千家万户,已经成为一种全社会的、经济的、快速存取信息的必要手段。因此,网络技术对未来的信息产业乃至整个社会都将产生深远的影响。

5.1 计算机网络概述

计算机网络是将若干台独立的计算机通过传输介质相互物理地连接,并通过网络软件逻辑地相互联系到一起而实现信息交换、资源共享、协同工作和在线处理等功能的计算机系统。计算机网络给人们的生活带来了极大的方便,如办公自动化、网上银行、网上订票、网上查询、网上购物等。计算机网络不仅可以传输数据,还可以传输图像、声音、视频等多种媒体形式的信息,在人们的日常生活和各行各业中发挥着越来越重要的作用。目前,计算机网络已广泛应用于政治、经济、军事、科学、社会生活的方方面面。

5.1.1 计算机网络的基本概念

计算机网络主要包含连接对象、连接介质、连接控制机制和连接方式与结构四个方面。计算机网络的连接对象是各种类型的计算机(如大型计算机、工作站、微型计算机等)或其他数据终端设备(如各种计算机外部设备、终端服务器等)。计算机网络的连接介质是通信线路(如光纤、双绞线、地面微波、卫星等)和通信设备(网关、网桥、路由器等)。计算机网络的连接控制机制是各层的网络协议和各类网络软件。计算机网络的连接方式主要是指网络采用的拓扑结构(如星状、环状、总线型、树状和网状等)。

因此计算机网络就是把分布在不同地理区域的计算机与专门的外部设备,利用通信线路和通信设备,互联成一个规模大、功能强的网络系统,从而使众多的计算机可以方便地互相传递信息,共享硬件、软件、数据信息等资源。互联的含义是两台计算机能互相通信。

两台计算机通过通信线路(包括有线和无线通信线路)连接起来就组成了一个最简单的计算机网络。全世界成千上万台计算机相互间通过双绞线、电缆、光纤和无线电等连接起来构成了世界上最大的 Internet 网络。网络中的计算机可以是在一间办公室内,也可能分布在地球的不同区域。这些计算机是相互独立的,即所谓自治的计算机系统,脱离了网络它们也能作为单机正常工作。在网络中,需要有相应的软件或网络协议对自治的计算机系统进行管理。

5.1.2 计算机网络的发展阶段

计算机网络从产生发展至今,大致分为以下四个阶段。

1. 第一代:面向终端的计算机网络

第一代计算机网络产生在 20 世纪 50 年代,当时的计算机数量稀少、价格昂贵,计算机之间相互的资源共享和信息处理尤为重要,因此诞生了面向终端的计算机网络。系统中存在一台用于计算的主机和其他终端计算机,终端计算机不具备数据处理和存储的能力,终端用户通过终端计算机向主机发送一些数据运算请求,主机运算后将结果返回给终端计算机,主机既要负责终端用户的数据处理和存储,又要负责各部分的相互通信。由于终端计算机并不满足功能独立的特性,这种面向终端的联机系统并未形成真正意义上的网络,但是其为计算机网络的出现做好了技术准备,并且奠定了理论基础。

2. 第二代:采用分组转发技术的计算机网络

20 世纪 60 年代,专家们开始设计采用分组交换的第二代计算机网络。它以通信子网为中心,实现了数据处理和数据通信两大功能的分离,并采用分组转发技术,以保证负载均衡,使单机的响应速度明显提高。

分组交换是将需要发送的报文信息分成若干比较短的、长度固定的分组(或包),每个分组包含响应的地址信息,利用路由算法选择相对较优的转发路径,将数据从源地址经过多个路由交换设备发送到目的地址,从而实现在数据转发过程中的动态分配带宽的策略,减少了资源浪费,提高了转发效率。

一旦网络的某部分遭受攻击而失去工作能力时,网络的其他部分应该能够维持正常的通信工作。基于这样的指导思想,1969 年美国国防部建立了第一个名为 ARPANET 的分组交换网,起初只连接了 4 台计算机,到 1975 年时已有 100 多台主机接入网络,并开始投入开发 TCP/IP。ARPANET 作为早期的骨干网,较好地解决了网络互联的一系列理论和技术问题,奠定了 Internet 存在和发展的基础。

3. 第三代:开发式和标准化的计算机网络

当网络发展到一定程度,为了解决因设备不同而造成的网络不能互通的问题,1974 年,国际标准化组织(international organization for standardization,ISO)发布了开放系统互连参考模型 OSI/RM,并在 1983 年正式批准使用。而几乎与此同时,TCP/IP 也诞生了,并于 1983 年 1 月 1 日全面应用于 ARPANET。OSI 体系结构和 TCP/IP 成为国际网络通用体系结构的核心,从而建立起了一个开放式的、标准化的计算机网络。

4. 第四代:Internet 广泛应用和高速网络技术的发展

20 世纪 80 年代末,局域网技术已经基本成熟,数字通信开始出现,光纤的接入使得远距离通信技术得到加强,计算机网络开始朝着综合化、高速化全方位发展,文件传输、电子邮件、信息服务系统等业务和应用被相继开发出来,网络主机群的协同能力增强,多媒体和智能网络诞生，以 Internet 为代表的互联网覆盖全球，网络技术进入飞跃式发展阶段。

进入 21 世纪之后，计算机网络得到了大幅度的发展，从原来局域网间的数据传输变成了遍布全球的、开放集成的、可承载多种应用的异构网络互联格局，对各国的政治、经济、文化、军事等各方面都产生了重要而深远的影响。随着技术的进步，信息产业领域的形势瞬息万变，大数据、云计算、物联网技术和移动通信技术快速发展，为用户提供了更丰富、更便利的服务。下一代网络致力于实现固定与移动、话音与数据的融合，通信将不受时间、空间和带宽的限制，整个网络基础体系都将发生革命性的改变。

5.1.3　计算机网络的基本功能

计算机网络最主要的功能是资源共享和通信，除此之外，还有负荷均衡、分布处理和提高系统的安全与可靠性等功能。

1. 软、硬件共享

计算机网络允许网络上的用户共享网络上各种不同类型的硬件设备。可共享的硬件资源有：高性能计算机、大容量存储器、打印机、图形设备、通信线路、通信设备等。共享硬件的好处是提高硬件资源的使用效率、节约开支。

2. 信息共享

信息也是一种资源。Internet 就是一个巨大的信息资源宝库，就像一个信息的海洋，有取之不尽、用之不竭的信息与数据。每一个接入 Internet 的用户都可以共享这些信息资源。可共享的信息资源有：搜索与查询的信息、Web 服务器上的主页及各种链接、FTP服务器中的软件、各种各样的电子出版物、网上消息、报告和广告、网上大学、网上图书馆等。

3. 通信

通信是计算机网络的基本功能之一，它可以为网络用户提供强有力的通信手段。建设计算机网络的主要目的就是让分布在不同地理位置的计算机用户能够相互通信、交流信息。计算机网络可以传输数据以及声音、图像、视频等多媒体信息。利用网络的通信功能，可以发送电子邮件、打电话、举行视频会议等。

4. 负荷均衡与分布处理

负荷均衡是指将网络中的工作负荷均匀地分配给网络中的各计算机系统。当网络上某台主机的负载过重时，通过网络和一些应用程序的控制和管理，可以将任务交给网络上其他的计算机去处理，充分发挥网络系统上各主机的作用。分布处理将一个作业的处理分为 3 个阶段：提供作业文件、对作业进行加工处理、输出处理结果。在单机环境下，上述 3 步都在本地计算机系统中进行。在网络环境下，根据分布处理的需求，可将作业分配给其他计算机系统进行处理，以提高系统的处理能力，高效地完成一些大型应用系统的程序计算及大型数据库的访问等。

5．系统的安全和可靠性

系统的可靠性对于军事、金融和工业过程控制等的应用特别重要。计算机通过网络中的冗余部件可大大提高可靠性。例如，在工作过程中，一台机器出了故障，可以使用网络中的另一台机器；网络中一条通信线路出了故障，可以取道另一条线路，从而提高网络整体系统的可靠性。

5.1.4　计算机网络的分类

计算机网络的分类方法有多种，其中最主要的方法是根据覆盖范围来分类。按照覆盖范围进行分类，可以很好地反映不同类型网络的技术特征，可以将网络分为个人区域网、局域网、城域网、广域网4类，如图5-1所示。

图 5-1　按网络覆盖范围进行分类

1．个人区域网（personal area network，PAN）

随着笔记本、智能手机、PDA、投影仪与信息家电的广泛应用，人们逐渐提出自身附近10m范围内的个人操作空间移动数字终端设备联网的需求。连接用户计算机身边10m之内计算机、打印机、PDA与智能手机等数字终端设备的网络称为个人区域网。由于个人区域网主要是用无线通信技术实现联网设备之间的通信，因此出现了无线个人区域网（WPAN）的概念。

2．局域网（local area network，LAN）

覆盖10～10000m的网络称为局域网。局域网用于将有限范围内（例如，一个实验室、一幢大楼、一个校园）的各种计算机、终端与外部设备互联。按照采用的技术、应用范围和协议标准不同，局域网可以分为共享局域网与交换局域网。局域网技术发展迅速，应用日益广泛，是计算机网络中最活跃的领域之一。局域网一般属于一个单位所有，易于建立、维护和扩展。由于局域网的覆盖范围有限，数据的传输距离短，因此局域网能够提供高传输速率（10Mb/s～100Gb/s）、低误码率的高质量数据传输环境。

3．城域网（metropolitan area network，MAN）

20世纪80年代后期，IEEE 802委员会提出城域网的概念。IEEE 802委员会对城域网概念与特征的表述是：以光纤为传输介质，能够提供45～150Mb/s的高传输速率，支持数据、语音与视频综合业务的数据传输，可以覆盖50～100km的城市范围，实现高速数据传输。随着Internet新应用的不断出现及三网融合的发展，城域网的业务扩展到几乎能覆盖所有的信息服务领域，城域网概念也随之发生重大变化。这时，宽带城域网被描述为：以IP为基础，通过计算机网络、广播电视网、电信网的三网融合，形成覆盖城市区域

大学计算机基础

的网络通信平台,为语音、数据、图像、视频传输与大规模的用户接入提供高速与保证质量的服务。

4. 广域网(wide area network,WAN)

广域网又称为远程网,覆盖的地理范围从几十千米到几千千米。广域网覆盖一个国家、地区或横跨几个洲,形成国际性的远程计算机网络。广域网的通信子网可以利用公用分组交换网、卫星通信网或无线分组交换网,将分布在不同地区的计算机系统、城域网、局域网互联起来,实现资源共享的目标。

5.1.5　计算机网络的拓扑结构

拓扑是从图论演变而来的,是一种研究与大小形状无关的点、线、面特点的方法。网络拓扑结构是指用传输介质互联各种设备的物理布局,通俗地讲就是这个网络看起来是一种什么形式。将工作站、服务器等网络单元抽象为"点",网络中的通信介质抽象为"线",从拓扑学的观点看,计算机和网络系统就形成了点和线组成的几何图形,从而抽象出来网络系统的具体结构。常用的计算机网络拓扑有星状、环状、总线型、树状与网状。

1. 星状拓扑

在星状拓扑网络中,各节点通过点到点的链路与中央节点连接,如图 5-2 所示。中央节点可以是转接中心,起到连通的作用;也可以是一台主机,此时具有数据处理和转接的功能。星状拓扑结构的优点是很容易在网络中增加和移动节点,容易实现数据的安全性和优先级控制;缺点是属于集中控制,对中央节点的依赖性大,一旦中央节点有故障,就会引起整个网络的瘫痪。

2. 环状拓扑

在环状拓扑网络中,节点通过点到点的通信线路连接成闭合环路,如图 5-3 所示。环中数据将沿着一个方向逐站传递。环状拓扑结构简单、传输延时确定,但是环中每个节点与连接节点之间的通信线路都会成为网络可靠性的屏障。只要环中某一个节点出现故障,就会造成网络瘫痪。另外,对于环状拓扑网络,网络节点的增加和移动以及环路的维护和管理都比较复杂。

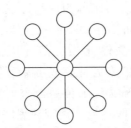

图 5-2　星状拓扑结构

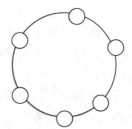

图 5-3　环状拓扑结构

3. 总线型拓扑

在总线型拓扑网络中,所有节点共享一条数据通道,如图 5-4 所示。一个节点发出的信息可以被网络上的每个节点接收。由于多个节点连接到一条公用信道上，所以必须采用某种方法分配信道，以决定哪个节点可以优先发送数据。总线型拓扑结构简单，安装方便，需要铺设的线缆最短，成本低，并且某个站点自身的故障一般不会影响整个网络，因此是普遍使用的网络之一。其缺点是实时性较差，总线上的故障会导致全网瘫痪。

4. 树状拓扑

在树状拓扑网络中，各节点形成了一个层次化的结构，如图 5-5 所示。树中的各个节点通常都为主机，树中的低层主机的功能和应用有关，一般都具有明确定义的功能，如数据采集、变换等；高层主机具备通用的功能，以便协调系统的工作，如数据处理、命令执行等。一般来说，树状拓扑结构的层次数量不宜过多，以免转接开销过大，使高层节点的负荷过重。如果树状拓扑结构只有两层，就变成了星状拓扑结构，因此，可以将树状拓扑结构视为星状拓扑结构的扩展结构。

5. 网状拓扑

在网状拓扑网络中，节点之间的连接是任意的，没有规律，如图 5-6 所示。其主要优点是可靠性高，但结构复杂，必须采用路由选择算法、流量控制与拥塞控制方法。广域网基本上都是采用网状拓扑结构。

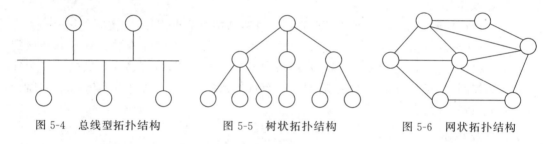

图 5-4　总线型拓扑结构　　　　图 5-5　树状拓扑结构　　　　图 5-6　网状拓扑结构

5.2　计算机网络的体系结构

在计算机网络中要做到高效、有序地交换数据，就必须遵守一些事先约定好的规则。这些为实现网络中数据交换而建立的规则、标准或约定称为网络协议。它们明确规定了所交互的数据的格式及有关的同步问题，是计算机网络中不可缺少的组成部分。

要想在两个主机之间通过一个通信网络传送文件，首先，保证两台主机都具有网络接入的功能，使得两台主机之间能够有条件实现通信服务并完成可靠通信的任务；其次，发送主机要完成与接收主机的通信服务，保证文件和文件的传送命令可靠地在两个系统之间交换；最后，发送端的文件传送程序应当确定接收端的文件管理程序已经做好接收和存储文件的准备，并完成文件格式的转换，以实现文件传输的操作。

这三类工作之间既可以相互独立，又具有一定的关联，因此，可以将整个文件传输的工作自底向上分为 3 个模块实现：网络接入模块、通信服务模块和文件传送模块。3 个模块各自实现网络连接、通信服务和文件传送的功能，相邻的模块之间又存在对应的接口以实现数据的交换,并向上层提供服务。这 3 个模块的划分层次如图 5-7 所示。

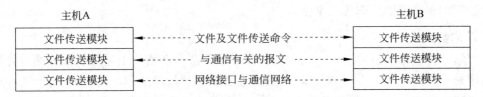

图 5-7　主机之间文件传输模块的划分层次结构

由此可见,对于非常复杂的工作过程,分层可以带来很多好处。一个复杂的计算机网络协议,其结构应该是层次式的。这样可以使网络各层之间相对独立,使每一层都可以采用最合适的技术实现,保证整体的灵活性;同时使得实现和调试一个庞大而复杂的系统变得易于处理,并促进标准化工作。当然,分层也有一些缺点,如部分功能会在不同的层次中重复出现,产生额外的开销。

计算机网络的各层及其协议的集合,被称为网络的体系结构。计算机网络的体系结构就是这个计算机网络及其构件所完成的功能的精确定义。目前应用比较广泛的网络体系结构是 TCP/IP 四层体系结构。

5.2.1　OSI 七层模型

在计算机网络产生之初,每个计算机厂商都拥有自己的一套网络体系结构,这些体系结构之间互不相容,为信息的传输造成了许多不便。为了解决这个问题,国际标准化组织(ISO)和国际电报电话咨询委员会(international telegraph and telephone consultative committee,CCITT)在 1979 年联合制定了 OSI 参考模型,为实现开放系统互连提供共同的基础和标准框架。OSI 参考模型全称是开放系统互连参考模型(open system interconnection reference model,OSI/RM)。它定义了连接异构计算机的标准框架,并为保持相关标准的一致性和兼容性提供共同的参考。

OSI 参考模型自底向上分为七层,分别是物理层、数据链路层、网络层、传输层、会话层、表示层和应用层。

1. 物理层

物理层是 OSI 结构的第一层,它是整个开放系统互连的基础。物理层为设备之间的数据通信提供传输介质通路及互连设备,以及连接的机械的、电气的、功能的和过程特性(如规定使用的电缆和接头的类型、传送信号的电压等),为数据传输提供可靠的环境。数据在物理层上以原始比特(bit)流的形式进行传输。

2. 数据链路层

数据链路层为网络层提供数据传输服务,负责将网络层传下来的数据可靠地传输到相邻节点的目标网络层。数据链路层具备将数据组合成数据块进行传输的功能,这些数据块被称为帧(frame),是数据链路层的基本传送单位。每一帧包括一定数量的数据和一些必要的控制信息,以实现传输过程的差错控制。在传送数据时,如果接收点检测到所传数据中有差错,就要通知发送方重发这一帧,以保证传输的可靠性,所以数据链路层可以提供透明的和可靠的数据传送服务。

3. 网络层

网络层为分组交换网上的不同主机提供通信服务。在网络中进行通信的两台计算机之间可能会经过很多个中间节点,网络层的任务就是通过寻址和路由选择功能,选择合适的网间路由和交换节点,将数据设法从源端点经过若干个中间节点传送到目的端点,以实现两个端系统之间的数据透明传送。网络层将数据包(packet)进行分组转发,能够向上层提供简单灵活的、无连接的、尽最大努力交付的数据包服务。数据包的头部封装有转发数据的逻辑地址信息,如源端点和目的端点的网络地址。

4. 传输层

传输层负责向两个主机之间的通信提供通用的数据传输服务,即根据通信子网的特性最佳地利用网络资源,并以可靠和经济的方式,为源端点和目的端点的会话层之间提供建立、维护和取消传输连接的功能,实现应用进程之间的逻辑通信,可靠地传输数据。

5. 会话层

会话层不参与具体的传输,它提供包括访问验证和会话管理在内的建立和维护应用之间通信的机制(如服务器验证用户登录的过程)。会话层、表示层和应用层构成开放系统的高三层,面向应用进程提供分布处理、对话管理和信息表示等服务。

6. 表示层

表示层提供数据格式的转换服务,主要功能是把应用层提供的信息变换为能够共同理解的形式,提供字符代码、数据格式、控制信息、加密解密等的统一表示。

7. 应用层

应用层是 OSI 参考模型的最高层。其功能是实现应用进程之间的信息交换,为操作系统或网络应用程序提供访问网络服务的接口,通过应用程序之间的交互来完成特定的网络应用。

在 OSI 七层模型中,每一层都为其上一层提供服务,并为其上一层提供接口以便其访问和调用。不同主机之间的相同层次称为对等层(如主机 A 中的表示层和主机 B 中的表示层互为对等层,主机 A 中的网络层和主机 B 中的网络层互为对等层)。对等层之间互相通信需要遵守一定的规则(如通信的内容和方式),这套规则称为协议。OSI 七层模型结构及对等层之间的协议如图 5-8 所示。

在 OSI 参考模型中,当一台主机需要传送用户的数据时,数据首先通过源主机的应用层接口进入应用层。应用层给数据加上这一层的相关信息作为报头(application header,AH),打包形成应用层协议数据单元(protocol data unit,PDU),然后被递交到它的下一层——表示层。表示层把应用层递交下来的数据包看成一个整体进行封装,加上表示层的相关信息作为报头(presentation header,PH),然后递交到下一层——会话层。会话层、传输层、网络层、数据链路层也依次分别给上层递交下来的数据加上自己的报头(会话层报头 SH、传输层报头 TH、网络层报头 NH、数据链路层报头 DH),数据链路层还

图 5-8　OSI 七层模型及对等层之间的协议

要给网络层递交的数据加上数据链路层报尾（data link termination，DT），形成最后的数据帧。数据帧在物理层中通过比特流传输到目标主机的物理层上。

当发送的数据帧通过物理层传送到目标主机的物理层时，该主机的物理层把它递交到上一层——数据链路层。数据链路层负责去掉数据帧的头部（DH）和尾部（DT），同时进行数据校验，如果数据没有出错，则递交到上一层——网络层。网络层、传输层、会话层、表示层、应用层也通过类似的工作一次剥除相应的报头信息。最终，原始数据被递交到目标主机的具体应用程序中。

5.2.2　TCP/IP 参考模型及相关协议

OSI 参考模型过于庞大和复杂，使用起来并不方便。虽然 OSI 参考模型在理论上具有很强的示范性，但事实上 TCP/IP 参考模型才是真正得到大规模应用的业界标准。TCP/IP 参考模型分为 4 个层次：网络接口层、网络层、传输层和应用层。

1. 网络接口层

这一层也被称为主机-网络层，与 OSI 参考模型中的物理层和数据链路层相对应。它负责监视数据在主机和网络之间的交换，并提供给其上层（网络层）一个访问接口，以便在其上传递 IP 分组。TCP/IP 参考模型本身并未明确定义这一层的协议，其具体的实现方法根据网络类型不同而不同。地址解析协议（address resolution protocol，ARP）在该层工作。

2. 网络层

网络层也被称为网际互联层，对应 OSI 参考模型的网络层，主要解决主机到主机的通信问题，其功能是把数据包分组发往目标网络或主机。

网络层赋予主机一个 IP 地址来完成对主机的寻址，并为了能够尽快地发送分组，可能需要沿不同的路径同时进行分组传递。该层有 3 个主要协议：网际协议（internet protocol，IP）、互联网组管理协议（internet group management protocol，IGMP）和互联网

控制报文协议（internet control message protocol，ICMP）

3. 传输层

传输层对应 OSI 参考模型的传输层，其主要功能是保证发送端主机和接收端主机上的对等实体可以进行会话，为应用层实体提供端到端的通信功能，并保证数据包的顺序传送及数据的完整性。在传输层定义了两种服务质量不同的协议，即传输控制协议（transmission control protocol，TCP）和用户数据报协议（user datagram protocol，UDP）。

TCP 提供可靠的面向连接的服务，将一台主机发出的字节流无差错地发往互联网上的其他主机。在发送端，它负责把上层传送下来的字节流分成报文段（segment）传递给下层；在接收端，它负责把收到的报文段重组后递交给上层。其数据传输的单位是报文段。

UDP 提供无连接的、无可靠保证的服务，但由于其控制选项较少，具有数据传输过程中延迟小、数据传输效率高的优点，适用于对可靠性要求不高的数据传输。其数据传输的单位是数据报（datagram）。

4. 应用层

应用层对应 OSI 参考模型的会话层、表示层、应用层三层，为用户提供所需要的各种服务。数据信息在这一层以报文（message）为单位进行传输。定义在应用层的协议有基于 TCP 的文件传送协议（file transfer protocol，FTP）、远程上机协议（telnet protocol）、超文本传送协议（hypertext transfer protocol，HTTP）等，也有基于 UDP 的简单网络管理协议（simple network management protocol，SNMP）、网络时间协议（network time protocol，NTP）等。

TCP/IP 参考模型的四层结构及各层相关协议如图 5-9 所示。

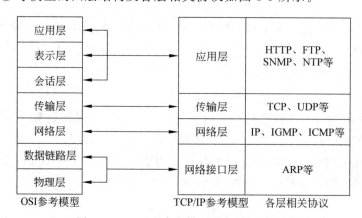

图 5-9　TCP/IP 参考模型及各层相关协议

5.2.3　IP 地址

IP 是网络层中的重要协议，是 TCP/IP 的核心。网络中的每一台主机都拥有一个独一无二的网络地址,而任意两台主机之间相互通信,实际上就是将要发送的数据信息通过打包、寻址,从源主机传到目的主机,而 IP 在其中起着非常重要的作用。IP 将多个包交换的网络相连接,在源 IP 地址和目的 IP 地址之间以传送数据包的形式相互通信。

1. IP 地址的组成

在 Internet 中,每个 IP 地址都是由网络号和主机号两部分组成的。"网络号"标识该主机(或路由器)所连接到的网络。一个网络号在整个 Internet 中是唯一的。"主机号"标识该主机(或路由器)。一个主机号在它前面的网络号所指明的网络范围内必须是唯一的。因此,一个 IP 地址在整个 Internet 范围内是唯一的。

2. IP 地址的表示方法

所谓 IP 地址,就是给每个连接在 Internet 上的主机分配一个在全世界范围内唯一的 32 位二进制数。为了提高可读性,通常采用"点分十进制记法"来读写 IP 地址,即将 32 位的 IP 地址,平均分为 4 段,每段 8 位二进制数,再将每个字段中的 8 位二进制代码用等效的十进制数字表示,并在这些数字之间加一个点。这样,一串 32 位的二进制 IP 地址就可以用 4 个由点隔开的十进制数字表示,使用起来更加方便易懂。

如图 5-10 所示,二进制 IP 地址"11011010000101101010100001000000"以点分十进制记法可记作"218.22.168.64"

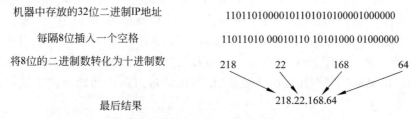

机器中存放的32位二进制IP地址　　　　11011010000101101010100001000000

每隔8位插入一个空格　　　　11011010 00010110 10101000 01000000

将8位的二进制数转化为十进制数　　218　　22　　168　　64

最后结果　　　　218.22.168.64

图 5-10 采用点分十进制记法提高 IP 地址可靠性

3. IP 地址的分类

IP 地址的长度确定后,其中网络号的长度决定 Internet 中能够包含多少个网络,主机号的长度将决定每个网络能容纳多少台主机。根据网络的规模大小,IP 地址一共可分为 5 类:A 类、B 类、C 类、D 类、E 类。其中,A 类、B 类和 C 类地址是基本的 Internet 地址,是用户使用的地址,为主类地址;D 类和 E 类为次类地址。A 类、B 类、C 类 IP 地址如图 5-11 所示。

图 5-11 IP 地址的分类(A 类、B 类、C 类)

A 类地址的前一字节表示网络号,且最前端一个二进制数固定是"0",因此,其网络号的实际长度为 7 位,主机号的长度为 24 位,表示的地址范围是 1.0.0.0～126.255.255.255(网络号的 0 和 127 保留,用于特殊目的)。

B 类地址的前两字节表示网络号,且最前端的两个二进制数固定是"10",因此,其网络号的实际长度为 14 位,主机号的长度为 16 位,表示的地址范围是 128.0.0.0～191.255.255.255。

C 类地址的前三字节表示网络号,且最前端的三个二进制数是"110",因此,其网络号的实际长度为 21 位,主机号的长度为 8 位,表示的地址范围是 192.0.0.0～223.255.255.255。

D 类 IP 地址不标识网络,一般用于其他特殊用途,如供特殊协议向选定的节点发送信息时使用,又被称为广播地址,表示的地址范围是 224.0.0.0～239.255.255.255。

E 类地址尚未使用,暂时保留将来使用,表示的地址范围是 240.0.0.0～247.255.255.255。

4. 特殊的 IP 地址

除了上面 5 种类型的 IP 地址外,还有以下几种特殊类型的 IP 地址。

① 多点广播地址:凡 IP 地址中的第一个字节以"1110"开始的地址都称为多点广播地址。因此,第一个字节大于 223 而小于 240 的任何一个 IP 地址都是多点广播地址。

②"0"地址:网络号的每一位全是"0"的 IP 地址称为"0"地址。网络号全为"0"的网络被称为本地子网,当主机想跟本地子网内的另一主机通信时,可使用"0"地址。

③ 全"0"地址:IP 地址中的每一字节都为"0"的地址(0.0.0.0),对应于当前主机。

④ 有限广播地址:IP 地址中的每一字节都是"1"的 IP 地址(255.255.255.255)称为当前子网的广播地址。当不知道网络地址时,可以通过有限广播地址向本地子网的所有主机进行广播。

⑤ 环回地址:IP 地址一般不能以十进制数"127"作为开头。以"127"开头的地址,如127.0.0.1,通常用于网络软件测试及本地主机进程间的通信。

5. IPv6 简介

IPv4 的地址空间为 32 位,理论上可支持 2^{32},约 40 亿个 IP 地址,但按 A、B、C 地址类型的划分,导致了大量的地址浪费。如一个使用 B 类地址的网络可包含 65536 个主机,对于大多数机构都太大了,申请到一个 B 类地址的机构实际上很难充分利用如此多的地址,造成 IP 地址的大量闲置,例如 IBM 就占用了约 1700 万个 IP 地址。

目前,随着网络技术的发展,数量更加巨大的家电产品也在信息化、智能化,也存在着对 IP 地址潜在的巨大需求,IPv4 在数量上已不能满足需要。因此,IPv6 被提出,作为下一代 IP 的标准。在今后相当长的时间内,IPv4 将和 IPv6 共存,并最终过渡到 IPv6。

IPv6 是 Internet 的新一代通信协议,在兼容了 IPv4 的所有功能的基础上,增加了一些更新的功能。相对于 IPv4,IPv6 主要作了如下改进。

① 地址扩展:IPv6 地址空间由原来的 32 位增加到 128 位,确保加入因特网的每个设备的端口都可以获得一个 IP 地址。它的地址格式采用了八组四位十六进制的书写形式,如"fe80:e0cf:b710:96b0:78a5:8a2e:0370:7344"就是一个合法的 IPv6 地址。其中地

址中的每位数字都是十六进制,四位一组,每两组之间用":"分隔。

② 地址自动配置:IPv6 地址为 128 位,支持地址自动配置,这是一种关于 IP 地址的即插即用机制。

③ 简化 IP 报头的格式:为了降低报文的处理开销和占用的网络带宽,IPv6 对 IPv4 的报头格式进行了简化。

④ 安全性:IPv6 定义了实现协议认证、数据完整性、数据加密所需的有关功能。

5.2.4　域名系统

用户与 Internet 上某个主机通信时,必须知道对方的 IP 地址,然而用户很难记住长达 32 位的二进制主机地址,即便其为点分十进制记法也不太容易记忆。为便于用户记忆各种网络应用,常采用字符串作为网络上各个主机的名称。为了避免命名重复,Internet 网络协会采用层次树状结构的命名方法,并使用分布式的域名系统(domain name system,DNS)帮助人们在 Internet 上用名字来唯一标识自己的计算机,并保证主机名和 IP 地址一一对应的网络服务。

任何一个连接在 Internet 上的主机都有一个唯一的层次结构的名字,即域名。这里,"域"是名字控件中一个可被管理的划分,可以被递归地划分为更小的子域结构,形成顶级域、二级域、三级域等。

从语法上讲,每一个域名都是由标号序列组成,各标号之间用点隔开,如图 5-12 所示的域名,由 3 个标号组成,其中标号 com 是顶级域名,标号 cctv 是二级域名,标号 news 是三级域名。

DNS 规定,每一级域名中的标号都由英文字母和数字组成,每一个标号不超过 63 个字符,不区分大小写。级别最低的域名写在最左边,级别最高的域名写在最右边,由多个标号组成的完整域名总共不超过

news.cctv.com

三级域名　　二级域名　　顶级域名

图 5-12　某网站的域名表示

255 个字符。各级域名由其上一级别的域名管理机构管理,而最高级的顶级域名则由互联网名称与数字地址分配机构(internet corporation for assigned names and numbers,ICANN)管理,这样可使每一个域名在整个 Internet 范围内是唯一的。

顶级域名共分为国家顶级域名、通用顶级域名、基础结构域名 3 大类。

① 国家顶级域名:如 cn 表示中国,jp 表示日本,uk 表示英国等。

② 通用顶级域名:如 com(公司企业),net(网络服务机构),org(非营利性组织),int(国际组织),edu(美国教育机构),gov(美国政府部门),mil(美国军事部门)等。

③ 基础结构域名:如 arpa(用于反向域名解析,又称反向域名)。

在国家顶级域名下注册的二级域名由各国自行确定。我国把二级域名划分为类别域名和行政域名两大类。

① 类别域名:如 ac(科研机构),com(工、商、金融等企业),edu(中国教育机构),gov(中国政府机构),mil(中国国防机构),net(提供互联网服务的机构),org(非营利性的组织)等。

② 行政区域名：共34个，适用我国的各省、自治区、直辖市、特别行政区，如bj(北京市)，js(江苏省)，ah(安徽省)等。

如果用图形来表示，域名系统就是一棵倒过来的树，最上面的是根，但没有对应的名字。根下一级节点就是顶级域名，顶级域名下一级就是二级域名，再往下就是三级域名、四级域名，如图5-13所示。

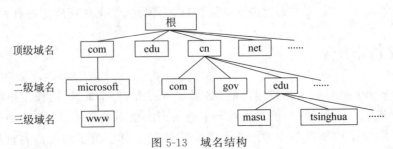

图 5-13　域名结构

域名到IP地址的解析是由分布在Internet上的许多域名服务器共同完成的。当某一个应用进程需要把主机名解析为IP地址时，该应用进程就调用解析程序，并将待解析的域名放在DNS请求报文中，以UDP用户数据报的方式发送给本地域名服务器，本地域名服务器在查找域名后，将对应的IP地址放在回答报文中返回，应用进程获得目的主机的IP地址后即可进行通信。

5.3　Internet 应用

在Internet发展之初，Internet所提供的服务主要包括远程登录服务(Telnet)、电子邮件服务(E-mail)和文件传输服务(FTP)等几种基本服务。20世纪90年代Web(或称WWW)技术的出现，使Web服务成为了Internet中使用最广泛的应用，刺激了Internet的快速发展。随着网络技术和计算机技术的发展，Internet中出现了很多信息网络应用，如即时通信系统、文件共享、网络搜索技术等。

5.3.1　远程登录服务

在分布式计算环境中，常常需要远程计算机同本地计算机协同工作，利用多台计算机来共同完成一个较大的任务。这种协同操作的工作方式要求用户能够登录到远程计算机，启动某些远程进程，并使进程之间能够相互通信。为了达到这个目的，人们开发了远程上机协议，即Telnet协议。Telnet协议是TCP/IP的一部分，它精确地定义了本地客户机与远程服务器之间的交互过程。

远程登录是Internet最早提供的基本服务功能之一。Internet中的用户远程登录是指用户使用Telnet命令，使自己的计算机暂时成为远程计算机的一个仿真终端的过程。一旦用户计算机成功地实现了远程登录，就可以像一台与远程计算机直接连接的本地终端一样进行工作。

远程登录允许任意类型的计算机之间进行通信。远程登录之所以能提供这种功能，主要是因为所有的运行操作都是在远程计算机上完成的，用户的计算机仅仅是作为一台仿真终端向远程计算机传送击键命令信息和显示命令执行结果。

利用 Internet 提供的远程登录服务可以实现：①本地用户与远程计算机运行的程序交互。②用户登录到远程计算机时，可以执行远程计算机上的任何程序（只要该用户具有足够的权限），并且能屏蔽不同型号计算机之间的差异。③用户可以利用个人计算机完成许多只有大型计算机才能完成的任务。

5.3.2　FTP 服务

FTP(file transfer protocol)，即文件传送协议，主要用于 Internet 上文件的双向传输。通过该协议，用户可以从一台 Internet 主机向另一台主机复制文件，无论这两台主机在地理上相距多远，只要它们都支持 FTP，它们之间就可以随意地互传文件，并且能保证传输的可靠性。将文件从服务器传送到客户机称为"下载"，将文件从客户机传送到服务器称为"上传"。

FTP 支持两种文件传输方式：文本文件传输和二进制文件传输。

（1）文本文件传输：FTP 支持两种文本文件类型的传输，即 ASCII 码文件类型和 EBCDIC 文件类型。ASCII 码文件类型是系统的默认方式，文本文件以 NVT ASCII 码形式在数据连接中传输。这要求发方将本地文本文件转换成 NVT ASCII 码形式，而接收方则将 NVT ASCII 码再还原成本地文本文件。其中，用 NVT ASCII 码传输的每行都带有一个回车和换行。这意味着收方必须扫描每个字节，查找 CR、LF 对。EBCDIC 文件类型的文本文件传输要求两端都是采用 EBCDIC 编码的系统。

（2）二进制文件传输：文件系统不对文件格式进行任何变换，按照原始文件相同的位序以连续的比特流方式进行传输，确保复制文件与原始文件逐位一一对应。

5.3.3　电子邮件系统服务

电子邮件系统服务（又称 E-mail 服务）是互联网可以提供的一项重要服务。它为互联网用户之间发送和接收消息提供了一种快捷、廉价的现代化通信手段。早期的电子邮件系统只能传输西文文本信息，而今的电子邮件系统不但可以传输各种文字的文本信息，而且还可以传输图像、声音、视频等多媒体信息。

与其他通信方式相比，电子邮件具有以下特点：①比人工邮件传递迅速，可达到的范围广，而且比较可靠。②与电话系统相比，不要求通信双方都在现场，而且不需要知道通信对象在网络中的具体位置。③可以实现一对多的邮件传送，向多人发出通知的过程变得更容易。④可以将文字、图像、语音等多种类型的信息集成在一个邮件中传送，因此它是多媒体信息传送的重要手段。

5.3.4　Web 服务

Web(world wide web)服务是目前 TCP/IP 互联网上最方便和最受欢迎的信息服务类型,它的影响力已远远超出了专业技术的范畴,并且已经进入广告、新闻、销售、电子商务与信息服务等诸多领域,它的出现是 TCP/IP 互联网发展中一个革命性的里程碑。

Web 是 TCP/IP 互联网上一个完全分布的信息系统,最早由欧洲核物理研究中心的蒂莫西·约翰·伯纳斯-李(Timothy John Berners-Lee)主持开发,其目的是为研究中心分布在世界各地的科学家提供一个共享信息的平台。当第一个图形界面的 Web 浏览器 Mosaic 在美国国家超级计算应用中心(NCSA)诞生后,Web 系统逐渐成为 TCPP 互联网上不可或缺的服务系统。

Web 服务采用客户机/服务器工作模式。它以超文本标记语言 HTML 与超文本传输协议 HTTP 为基础,为用户提供界面一致的信息浏览系统。在 Web 服务系统中,信息资源以页面(也称网页或 Web 页面)的形式存储在服务器(通常称为 Web 站点)中,这些页面采用超文本方式对信息进行组织,通过链接将一页信息接到另一页信息,这些相互链接的页面信息既可放置在同一主机上,也可放置在不同的主机上。页面到页面的链接信息由统一资源定位符(uniform resource locators,URL)维持,用户通过客户机应用程序(即浏览器)向 Web 服务器发出请求,服务器根据客户机的请求内容将保存在服务器中的某个页面返回给客户机,浏览器接收到页面后对其进行解释,最终将图、文、声并茂的画面呈现给用户。

与其他服务相比,Web 服务具有其鲜明的特点。它具有高度的集成性,能将各种类型的信息(如文本、图像、声音、动画、视频等)与服务(如 News、FTP、Gopher 等)紧密连接在一起,提供生动的图形用户界面。Web 不仅为人们提供了查找和共享信息的简便方法,还为人们提供了动态多媒体交互的最佳手段。总地来说,Web 服务具有以下主要特点:①以超文本方式组织网络多媒体信息。②用户可以在世界范围内任意查找、检索、浏览及添加信息。③提供生动直观、易于使用、统一的图形用户界面。④服务器之间可以互相链接。⑤可访问图像、声音、影像和文本信息。

5.3.5　即时通信系统服务

即时通信是继电子邮件之后的,人们使用 Internet 进行通信的又一种主流方式。即时通信系统是一种基于 Internet 的通信服务,可提供近实时的信息交换和用户状态跟踪。

即时消息模型被定义为"允许用户相互订阅并获取彼此的状态变更信息,以便用户之间互相收发短信息"。因此,一个即时通信系统通常包括两种服务:一种是呈现服务,用户之间相互订阅并获取彼此的状态变更信息;另一种是即时信息服务,用于用户之间相互收发短信息。

1. 呈现服务

呈现服务用于接收、存储和发布呈现信息。呈现信息指的是用户的状态、通信地址等信息(如用户是否在线,是否可以接收即时消息,用户接收即时消息的地址,等等)。

在呈现服务中,有两类呈现客户。一类客户称为呈现者(presentity),另一类客户称为观察者(watcher)。呈现者提供存储和发布的呈现信息,观察者从呈现服务接收呈现信息。

观察者可以通过两种方法获取呈现信息:抓取(fetch)和订阅(subscribe)。在采取抓取方法时,观察者从呈现服务请求呈现者的当前状态。其中,轮询(polling)是一种较为典型的抓取方法;在采用订阅方法时,观察者可以从呈现服务订阅一些呈现者的状态改变信息。一旦呈现者的状态改变,呈现服务将以通知的形式将这些信息发送给观察者。

呈现服务中通常也会保存观察者的状态信息。按照与发布呈现者状态信息相同的方法,呈现服务可以将一个观察者的状态信息发布给其他一些观察者。

2. 即时信息服务

即时信息服务用于接收和传递即时信息。即时信息服务中也存在两类客户端:发送者(sender)和即时收信箱(instant inbox)。发送者向即时信息服务提供需要传递的即时信息,每条信息都包含了一个特定的即时收信箱地址,即时信息服务尝试将这些信息投递到相应的即时收信箱中。

呈现服务和即时信息服务是为了完成即时信息的通信而定义的两种服务,它们是相互联系的。例如,即时收信箱是接收即时信息的地方,但是表示如何投递到该即时收信箱的地址信息包含在呈现信息中。在传递呈现信息时,即时收信箱地址可以和状态信息一起传递。在收到呈现信息后,客户即可以根据呈现信息中的状态和地址信息向对方发送即时信息。

腾讯 QQ、网易泡泡、新浪 UC、微软 MSN 和雅虎 Messenger 等都曾经是非常流行的即时通信软件。随着移动互联网的发展,基于移动设备的即时通信软件迅速占领市场。在国内,微信、QQ 等即时通信软件已成为人们移动设备中必备的应用软件。

除了实时信息交换和状态跟踪之外,即时信息系统一般还提供一些附加功能,如音频/视频聊天、应用共享、文件传输、文件共享、游戏邀请、远程助理、白板等。

5.3.6　P2P 文件共享服务

文件共享是指用户主动的在网络上分享自己主机中的文件或者目录。文件共享技术有多种实现方式,如 FTP 文件共享、NFS 网络文件系统共享、Windows 共享文件夹,以及正在流行的 P2P 文件共享等。

采用 P2P 模式的文件本身存储在用户本人的个人计算机上,而不是服务器上。P2P 共享技术能够充分利用边缘网络的空闲资源,提高共享的效率和可用率,节约服务器成本等,因此受到了大众的一致认可。

P2P 技术使在 Internet 上的任意两台计算机之间直接共享文档、多媒体和其他文件成为可能。利用 P2P 技术,网上计算机之间可以进行直接交互,而不需要使用任何一台中央服务器。可以说,对文件交换的需求直接引发了 P2P 技术热潮。在传统的 Web 方式中,要实现文件交换需要服务器的大力参与,通过将文件上传到某个特定的网站,用户再到某个网站搜索需要的文件,然后下载,这种方式对用户而言非常不方便。在 P2P 网络中,对等机通过不同的查询机制定位含有所需资源的其他对等机后,将直接与其建立连接,并下载所需文件。例如 BitTorrent(BT),通过 BT 服务器上的"种子"文件定位资源后,下载者直接与文件提供者建立连接并下载。

5.3.7　网络搜索服务

进入信息时代之前,人们普遍感觉到信息的匮乏,其主要原因是当时缺乏有效的信息交流工具和方式。Internet 的出现极大地丰富了信息资源,但是人们仍然感到难以搜寻到所需要的信息。网络搜索技术就是要实现在 Internet 这个浩瀚的信息海洋中及时、准确地找到所需的信息。

一般将搜索引擎定义为帮助 Internet 用户查询信息的软件系统。网络搜索引擎以一定的策略在 Web 上搜集和发现信息,在对信息进行理解、提取、组织和处理后,为用户提供信息查询服务。从使用者的角度看,这种软件系统提供了一个 Web 界面,通过该界面提交一个词语或短语,很快就返回一个可能和用户输入内容相关的信息列表。这个列表中的每一条目代表一个网页,每个条目至少包含标题、URL 和摘要 3 个元素。

① 标题:以某种方式得到的网页内容的标题。最简单的方式就是从网页的 <TITLE></TITLE> 标签中提取内容,尽管在一些情况下这样提取的信息并不能真正反映网页的内容。

② URL:该网页对应的"访问地址"。有经验的 Web 用户常常可以通过这个元素对网页内容的权威性进行判断。

③ 摘要:以某种方式得到网页内容的摘要。最简单的一种方式就是将网页内容开始的若干字节截取下来作为摘要。

虽然全文搜索引擎在外观、功能等方面表现千差万别,但是其构成一般都由搜索器、索引器、检索器和用户接口 4 个部分组成。"搜索器"通常也被称为"蜘蛛""机器人""爬虫",实际上是一种基于 Web 的应用程序。搜索器通过逐个访问 Internet 中的站点来采集 Web 网页信息,并建立该站点的关键字列表。人们常把搜索器建立关键字列表的过程称为网络爬虫。在检索过程中,搜索引擎瞬间即可完成数量庞大的数据检索任务,并返回检索结果。这是因为搜索引擎使用的是事先已制作好的索引数据。"索引器"的功能是理解搜索器所搜索的信息,从中抽取出索引项,用于表达文档及生成文档库的索引表。最基本的索引结构可以理解为一个表格,该表格包含了字符串和包含该字符串的文件的对应关系。"检索器"的功能是根据用户的查询要求在索引库中快速检出文档,进行文档与查询的相关度评价,对将要输出的结果进行排序。同时,检索器还应具有某种用户相关性反馈机制。"用户接口"的作用是输入用户查询、显示查询结果、提供用户相关性反馈机制。提供用户接口的主要目的是方便用户使用搜索引擎,使用户高效率、多方式地从搜索引擎中得到有效、及时的信息。

目前世界上使用率和搜索精度最高的全文搜索引擎是 Google,全球最大的中文搜索引擎是 Baidu。它们都属于机器人搜索引擎,都以追求完美为最高目标。

本 章 小 结

1. 计算机网络,就是把分布在不同地理区域的计算机与专门的外部设备,利用通信线路和通信设备,互联成一个规模大、功能强的网络系统,从而使众多的计算机可以方便地互相传递信息,共享硬件、软件、数据信息等资源。

2. 计算机网络的发展大致可以分为 4 阶段:面向终端的计算机网络阶段、采用分组转发技术的计算机网络阶段、开发式和标准化的计算机网络阶段、Internet 广泛应用和高速网络技术的发展阶段。

3. 计算机网络的主要功能有:资源共享和通信、负荷均衡、分布处理和提高系统的安全和可靠性等。

4. 根据覆盖范围,计算机网络可分为个人区域网、局域网、城域网和广域网 4 类。

5. 常用的计算机网络拓扑结构有星状结构、环状结构、总线型结构、树状结构和网状结构。

6. OSI 参考模型将整个网络的功能划分成 7 个层次,由下往上分别为物理层、数据链路层、网络层、传输层、会话层、表示层、应用层。

7. TCP/IP 参考模型是真正得到大规模应用的业界标准,由下往上分为 4 个层次:网络接口层、网络层、传输层和应用层。

8. IP 地址共由 32 位二进制数组成,为了方便记忆,IP 地址通常都采用"点分十进制法"。

9. 域名系统是一种帮助人们在 Internet 上用名字来唯一标识自己的计算机并保证主机名和 IP 地址一一对应的网络服务。

10. Internet 常见的应用有远程登录服务、FTP 服务、电子邮件服务、Web 服务、即时通信系统服务、P2P 文件共享服务、网络搜索服务等。

习　　题

1. 网络的最基本功能是( )。
    A. 资源共享　　　　B. 节约成本　　　　C. 文件调用　　　　D. 集中管理
2. 随着新时代的发展和信息技术的进步,通信技术、计算机技术和网络技术飞速发展,并相互融合,使( )实现三网融合,为用户提供移动互联、媒体通信和资源共享等多种服务。
    A. 车联网、传统电话网、电视网　　　　　　B. 电话网、物联网、电视网
    C. 传统电话网、电视网、计算机网络　　　　D. 车联网、物联网、计算机网络
3. ( )是早期骨干网,并且较好地解决了网络互联的一系列理论和技术问题,奠定了 Internet 存在和发展的基础。

A. ARPANET   B. LAN   C. WiFi   D. WLAN

4. 计算机网络从产生至今,按顺序大致可分为 4 个阶段,分别是(　　)。

  A. 开发式和标准化的计算机网络阶段、Internet 广泛应用和高速网络技术的发展阶段、面向终端的计算机网络阶段、采用分组转发技术的计算机网络阶段

  B. 面向终端的计算机网络阶段、采用分组转发技术的计算机网络阶段、开发式和标准化的计算机网络阶段、Internet 广泛应用和高速网络技术的发展阶段

  C. 采用分组转发技术的计算机网络阶段、面向终端的计算机网络阶段、开发式和标准化的计算机网络阶段、Internet 广泛应用和高速网络技术的发展阶段

  D. 面向终端的计算机网络阶段、开发式和标准化的计算机网络阶段、Internet 广泛应用和高速网络技术的发展阶段、采用分组转发技术的计算机网络阶段

5. 在 OSI 参考模型中,位于传输层之上的是(　　)。

  A. 应用层   B. 物理层   C. 数据链路层   D. 网络层

6. 在 TCP/IP 中,TCP 属于(　　)。

  A. 应用层   B. 网络层   C. 网络接口层   D. 传输层

7. 计算机网络分为广域网、城域网与局域网的主要划分依据是(　　)。

  A. 拓扑结构   B. 控制方式   C. 覆盖范围   D. 传输介质

8. 下列 IP 地址中,有效的是(　　)。

  A. 202.280.130.45   B. 130.192.33.45

  C. 192.257.130.45   D. 280.192.33.456

9. 在星状拓扑中,_____是全网可靠性的瓶颈。

10. 在 OSI 参考模型中,提供可靠的端-端服务的层次是_____。

11. IPv6 的地址为_____位。

12. 标准的 B 类 IP 地址使用_____位二进制表示主机号。

13. 搜索引擎在外观、功能等方面表现千差万别,但是其构成一般都由_____、_____、_____、_____ 4 个部分组成。

第 **6** 章 数据管理与信息处理

我们正处于数字经济时代的关键时刻,我们肩负着推动数字化转型的艰巨任务。总书记在二十大报告中强调,必须坚持"科技是第一生产力、人才是第一资源、创新是第一动力,深入实施科教兴国战略、人才强国战略、创新驱动发展战略,开辟发展新领域新赛道,不断塑造发展新动能新优势。学习掌握数据库知识和技能,有助于更好地融入数字经济时代。

数据库技术是计算机应用领域非常重要的技术。随着社会的发展,信息化管理水平越来越高,用于信息管理的数据库技术迅速发展,其应用领域也越来越广泛,从小型单项事务处理系统到大型信息系统,从联机事务处理到联机分析处理,从一般企业管理到计算机辅助设计与制造、计算机集成制造系统、电子政务、电子商务等,越来越多的应用领域采用数据库技术来存储和处理信息资源。

6.1 数据库系统基础

数据库的实质就是:在数据库管理系统(DBMS)统一管理和控制下,具有数据冗余度小、一致性高,高效、安全、方便操作,独立于应用程序的一组相关数据集合。数据库技术就是研究如何科学管理数据,以便为用户提供安全便捷、可靠性高、可共享的数据管理与操作技术。

6.1.1 数据库的基本概念

在系统地介绍数据库之前,这里首先介绍一些数据库最常用的术语和基本概念,如数据、数据库、数据库管理系统、数据库系统等。

1. 数据

数据(data)是数据库中存储的基本对象,计算机中的数据是指对自然界中所有事物进行概括抽象后,利用各种方式存储到计算机中的数据,包括本文、图形、图像、音频、视频等。

数据的形式还不能完全表达其内容,需要经过解释,数据和关于数据的解释是不可分的。例如,89是一个数据,这个数据可以是某件商品的价格,可以是某个班级的人数,还可以是某个人的年龄。数据的解释是指对数据含义的说明,数据含义称为数据的语义,数据与其语义是不可分的。

在日常生活中,人们直接用自然语言来描述事物。例如,张三同学,男性,今年19岁,是计算机专业的学生。在计算机中可以描述为(张三,男,19,计算机专业),即把学生的姓名、性别、年龄、专业等组织在一起,组成一个记录。这里的学生记录就是描述学生的数据。凡是计算机中用来描述事物的记录,都可以统称为数据。

2. 数据库

数据库(database,DB),顾名思义,是存放数据的仓库,只不过这个仓库是在计算机存储设备上,而且数据是按一定的格式存放。

数据库是长期存储在计算机内、有组织、可共享的大量数据的集合。数据库中的数据按一定的数据模型组织、描述和存储,具有较小的冗余度、较高的数据独立性和易扩展性,并可为各种用户共享。

3. 数据库管理系统

数据库管理系统(database management system,DBMS)是位于用户与操作系统之间的一层数据管理软件。数据库管理系统和操作系统一样,是计算机的基础软件,也是一个大型复杂的软件系统。它的主要功能包括以下几个方面。

① 数据定义功能:DBMS 提供数据定义语言(data definition language,DDL),用户通过它可以方便地对数据库中的数据对象进行定义。

② 数据组织、存储和管理:DBMS 要分类组织、存储和管理各种数据,包括数据字典、用户数据、数据的存取路径等,确定以何种文件结构和存取方式在存储级上组织这些数据、如何实现数据之间的联系。数据组织、存储和管理的基本目标是提高存储空间利用率和方便存取,提供多种存取方法(如索引查找、Hash 查找、顺序查找等)来提高存取效率。

③ 数据操纵功能:DBMS 还提供数据操纵语言(data manipulation language,DML),用户可以使用 DML 操纵数据,实现对数据库的基本操作,如查询、插入、删除和修改等。

④ 数据库的事务管理和运行管理:数据库在建立、运行和维护时由数据库管理系统统一管理、统一控制,以保证数据的安全性、完整性、多用户对数据的并发使用及发生故障后的系统恢复。

⑤ 数据库的建立和维护功能:包括数据库初始数据的输入、转换功能,数据库的转储、恢复功能,数据库的重组织功能和性能监视、分析功能等。这些功能通常是由一些实用程序或管理工具完成的。

⑥ 其他功能:包括 DBMS 与网络中其他软件系统的通信功能;一个 DBMS 与另一个 DBMS 或文件系统的数据转换功能;异构数据库之间的互访和互操作功能等。

数据库管理系统是数据库系统的一个重要组成部分。

4. 数据库系统

数据库系统(database system,DBS)是指在计算机系统中引入数据库后的系统,一般由数据库、数据库管理系统(及其开发工具)、应用系统、数据库管理员构成。数据库的建立、使用和维护等工作只靠一个 DBMS 远远不够，还要有专门的人员来完成，这些人员被称为数据库管理员（database administrator，DMA）。

在一般不引起混淆的情况下，常常把数据库系统简称为数据库。

6.1.2　常见的数据库管理系统软件

数据库的应用领域非常广泛，不管是家庭、公司，还是政府部门，都需要使用数据库来存储数据信息。目前流行的数据库管理系统有许多种，大致可分为小型桌面数据库、大型商业数据库、开放源代码（简称开源）数据库、Java 数据库等。

1. Microsoft Access 数据库

Microsoft Access（以下简称 Access）是当前流行的关系数据库管理系统之一，其核心是 Microsoft Jet 数据库引擎。通常情况下，安装 Microsoft Office 时选择默认安装，Access 即被安装到计算机上。它是一个功能强大、结构严谨、便于用户掌握、能够满足小型企业客户/服务器解决方案要求的数据库管理系统软件，其具体特点如下。

① 用户操作方便。Access 的使用界面类似于 Windows 系列软件，可以利用提供的大量向导完成对数据库的创建、修改和维护等一系列操作，且以数据库文件与用户直接对话，使用非常简单。

② 可以处理多种数据类型。Access 能处理各种类型的数据，并能接受其他数据库管理系统的数据，如 Excel 中的.xls 文件等，便于数据库管理系统的数据交换与共享。

③ 支持开放式数据库互联（ODBC）标准的 SQL 数据库的数据。Access 是一个面向对象的、采用事件驱动的关系型数据库管理系统，符合 ODBC 标准，通过 ODBC 驱动程序可以与其他数据库相连。

其主要缺点是安全性低，多用户特性比较弱，处理大量数据时效率低，因此 Access 主要定位为桌面型数据库管理系统。

2. Microsoft SQL Server 数据库

Microsoft SQL Server（以下简称 SQL Server）是由微软公司开发的一个功能强大的关系型数据库管理系统。它能够处理大量的数据、管理众多的并发用户、保证数据的完整性，并提供许多高级管理和数据分布能力，还与 Windows NT 系列的操作系统完全兼容。SQL Server 不仅提供了一个完整的数据管理和分析的解决方案，而且提供了许多全新的特性来满足用户的需求，可用于大型联机事务处理、电子商务等，是信息化客户机/服务器系统开发与管理的首选产品之一。

3. Oracle 数据库

Oracle 数据库是最早商品化的关系型数据库管理系统，是世界上最大的数据库专业厂商甲骨文（Oracle）公司的核心产品，也是采用客户机/服务器架构的数据库系统。目前，Oracle 数据库产品是占有市场份额最高的数据库产品。由于其优越的安全性、完整性、稳定性和支持多种操作系统、多种硬件平台等特点，得到了广泛的应用。其主要特点有以下几点。

① 支持多用户、大事务量的事务处理。Oracle 数据库是一个大容量、多用户的数据库管理系统,可以同时支持 20 000 个用户的同时访问,支持数据量达百吉字节的应用。

② 提供标准操作接口。Oracle 数据库是一个开放的系统,它所提供的各种操作接口都遵循数据存取语言、操作系统、用户接口和网络通信协议的工业标准。

③ 提供分布式的数据库能力。Oracle 数据库支持分布式数据处理,可通过网络将不同区域的数据库服务器连接起来,方便读写远端数据库中的数据,实现软硬件、数据资源的共享,以及数据的统一管理与控制。

④ 提供基于角色分工的安全保密管理。通过权限设置,限制用户对数据库的访问;通过数据库审计、追踪等,监控数据库的使用情况。

4. MySQL 数据库

MySQL 数据库(以下简称 MySQL)是一个精巧的多用户、多线程的符合 SQL 标准的小型关系型数据库管理系统。目前,MySQL 被广泛地应用在 Internet 上的中小型网站中。由于其体积小、速度快、总体拥有成本低,尤其是开放源代码的特点,许多中小型网站为了降低网站总体拥有成本而选择 MySQL 作为网站数据库。其主要特点有如下几点。

① 简单、易用。MySQL 的安装配置简单,使用过程中的维护不像大型商业数据库管理系统那么复杂,没有实现 SQL 标准的全部,而是为用户提供了很多有用的功能。相对于一些大型的商业数据库管理系统如 Oracle、DB2,对于普通用户来说,其操作简单、容易使用,吸引了越来越多的初级数据库用户和商业软件用户。

② 功能丰富、开源性质。MySQL 支持大部分关系型数据库应该有的 SQL 功能,能处理很多数据,并能适应不同规模的数据。随着数据量的飞速增长,需要的存储空间越来越大。数据量的不断增长,使数据的统计分析变得越来越低效、越来越困难。如何解决这样的问题,MySQL 有很大的优势,由于是开放源代码的,可以通过 MySQL 的简单复制功能,很好地将数据从一台主机复制到另外一台。正是 MySQL 的简单、免费特点,使得其驱动了线上大量的网站和应用程序。

③ 高性能。MySQL 一直以来奉行一个原则,在保证足够稳定性的前提下,尽可能地提高自身的处理能力。MySQL 提供了可用于管理、检查、优化的数据库操作管理工具,优化了 SQL 查询算法,有效地提高了查询速度。对需要大量插入和查询日志记录的系统来说,MySQL 是非常不错的选择。

④ 可运行在不同的平台。MySQL 使用 C 和 C++语言编写,并使用多种编译器进行测试,保证了源代码的可移植性,为多种编程语言如 C、C++、Java、perl、PHP 等提供了数据库应用编程接口,以及 TCP/IP、ODBC 和 JDBC 等多种数据库连接途径,支持 Linux、Windows 等多种操作系统。MySQL 既能作为一个单独的应用程序应用在客户端/服务器网络环境中,也能够作为一个库嵌入其他的软件中提供多语言的支持。

5. NoSQL 系列数据库

最新的 NoSQL 官网对 NoSQL 的定义:主体符合非关系型、分布式、开放源码和具有横向扩展能力的下一代数据库。

NoSQL 泛指非关系型的数据库。随着互联网 Web 2.0 网站的兴起,传统的关系数据库在处理 Web 2.0 网站,特别是超大规模和高并发的 SNS 类型的 Web 2.0 纯动态网站已经显得力不从心,出现了很多难以克服的问题,而非关系型的数据库则由于其本身的特点得到了非常迅速的发展。NoSQL 的产生就是为了解决大规模数据集合多重数据种类带来的挑战,尤其是大数据应用难题。

6.2　数　据　模　型

模型是对现实世界中某个对象特征的模拟和抽象。例如,一张地图、一组建筑设计沙盘、一架精致的航模飞机都是具体的模型。数据模型也是一种模型,是现实世界数据特征的抽象。

数据模型应满足三方面要求:一是能比较真实地模拟现实世界;二是容易为人所理解;三是便于在计算机上实现。数据模型是数据库系统的核心和基础。各种计算机上实现的 DBMS 软件都是基于某种数据模型或者支持某种数据模型的。

6.2.1　数据模型的组成要素

通常,数据模型是严格定义的一组概念的集合。这些概念精确地描述了系统的静态特性、动态特性和完整性约束条件。因此,数据模型通常由数据结构、数据操作和完整性约束三部分组成。

1. 数据结构

数据结构描述数据库的组成对象及对象之间的联系。数据结构是刻画一个数据模型性质最重要的方面,因此在数据库系统中,人们通常按照其数据结构的类型来命名数据模型。例如,层次结构、网状结构和关系结构的数据模型分别命名为层次模型、网状模型和关系模型。总之,数据结构是所描述的对象类型的集合,是对系统静态特性的描述。

2. 数据操作

数据操作是指对数据库中各种对象(型)的实例(值)允许执行的操作的集合,包括操作及有关的操作规则。数据库主要有查询和更新(包括插入、删除、修改)两大类操作。数据模型必须定义这些操作的确切含义、操作符号、操作规则(如优先级),以及实现操作的语言。数据操作是对系统动态特性的描述。

3. 完整性约束

数据的完整性约束条件是一组完整性规则。完整性规则是给定的数据模型中数据及其联系所具有的制约和依存规则,用以限定符合数据模型的数据库状态及状态的变化,以保证数据的正确、有效、相容。

数据模型应该反映和规定本数据模型必须遵守的基本的通用的完整性约束条件。例如,在关系模型中,任何关系必须满足实体完整性和参照完整性两个条件。此外,数据模型还应该提供定义完整性约束条件的机制，以反映具体应用所涉及的数据必须遵守的特定的语义约束条件。例如，某大学的数据库规定课程成绩如果有 6 门以上不及格学生将不能被授予学位。

6.2.2　常用的数据模型

数据模型是数据库系统的核心和基础，在各种机器上实现的 DBMS 软件都是基于某种数据模型的。目前，数据库领域中最常用的数据模型有：层次模型、网状模型、关系模型、面向对象模型和对象关系模型。本文简要介绍前 3 种模型。

1. 层次模型

层次模型实际上是一个树状结构，它是以记录为结点，以记录之间的联系为边的有向树。在层次模型中，最高层只有一个记录，该记录称为根记录，根记录以下的记录称为从属记录。一般来说，根记录可以有多个从属记录，每一个从属记录又可以有任意多个低一级的从属记录。

层次模型具有两个突出的问题。第一，层次模型具有一定的存取路径，仅允许自顶向下的单向查询。在设计层次模型时要仔细考虑存取路径问题，因为路径一经确定就不能改变。路径问题的存在，给用户带来了不必要的复杂性，尤其是要用户花费时间和精力去解决那些由层次结构产生的问题。在层次结构中引入的记录越多，层次越复杂，问题会变得越糟糕。第二，层次模型比较适合表示数据记录之间的一对多联系，而对于多对多、多对一的联系，会出现较多的时间冗余。此外，层次模型还有以下问题：数据依赖性强，当上层记录不存在时，下层记录无法存储；语义完整性差，某些数据项只有从上下层关系查看时，才能显示出它的全部含义。

2. 网状模型

网状模型是一种较为通用的模型，它是一个不加任何条件的无向图。网状模型与层次模型的根本区别是：一个子结点可以有多个父结点，两个结点之间可以有多种联系。

网状模型在结构上比层次模型复杂，因而它在查询方式上要比层次模型优越。在网状模型中，对数据的查询可以从网络中的任一节点开始，也可以沿着网络中的路径按任意方向进行。

网状模型的主要缺点是数据结构本身及其相应的数据操作语言都极为复杂。

3. 关系模型

关系模型的基础是表格。在关系模型中，通常把二维表称为关系，数据的关系模型是由若干个关系模式（记录）组成的集合。表中的每一行称为一个元组，相当于通常的记录值。对于一个关系，没有两个元组在各个属性上的值是完全相同的，行的次序无关，列的次序无关。

关系模型具有以下特征：

① 描述的一致性：无论实体还是联系都用一个关系来描述，保证了数据操作语言相应的一致性。对于每一种基本操作功能（插入、删除、查询等），都只需要一种操作运算

即可。

② 利用公共属性连接：关系模型中各个关系之间都是通过公共属性发生联系的。

③ 结构简单直观：采用表结构，用户容易理解，有利于和用户进行交流，并且在计算机中实现也极为方便。

④ 有严格的理论基础：二维表的数学基础是关系数据理论，对二维表进行的数据操作相当于在关系理论中对关系进行运算。这样，在关系模型中整个模型的定义与操作均建立在严格的数学理论基础之上。

⑤ 语言表达简练：在进行数据库查询时，不必事先规定路径，用严格的关系运算表达式来描述查询，从而使查询语句的表达非常简单、直观。

6.2.3　概念模型

概念模型用于信息世界的建模，是现实世界到信息世界的第一层抽象，是数据库设计人员进行数据库设计的有力工具，也是数据库设计人员和用户之间进行交流的语言。

1. 信息世界中的基本概念

① 实体(Entity)：客观存在并可相互区别的事物称为实体。实体可以是具体的人、事、物，也可以是抽象的概念或事件。

② 属性(Attribute)：实体具有的某一特性称为属性。一个实体可以由若干个属性共同来刻画，如学生的学号、姓名、年龄、专业都是学生实体的特性，这些特性构成了学生实体的属性。

③ 联系(Relationship)：现实世界中，事物内部及事物之间是有联系的，这些联系在信息世界中反映为实体内部的联系和实体之间的联系。实体内部的联系通常是组成实体的各属性之间的联系，实体之间的联系通常是指不同实体之间的联系。

2. 两个实体之间的联系

两个实体之间的联系可分为 3 类：一对一联系、一对多联系、多对多联系。

① 一对一联系(1:1)：如果对于实体 A 中每个实例，在实体 B 中至多有一个实例与之关联，反之亦然，称实体 A 与实体 B 具有一对一联系，记为 1:1。例如，住院病人与床位、观众与座位。

② 一对多联系(1:n)：如果对于实体 A 中的每个实例，在实体 B 中有 $n(n \geq 0)$ 个实例与之关联，而实体 B 中每个实例在实体 A 中最多只有一个实例与之关联，称实体 A 与实体 B 具有一对多联系，记为 1:n。例如，学校与学生、省与市。

③ 多对多联系(m:n)：如果对于实体 A 中的每个实例，在实体 B 中有 $n(n \geq 0)$ 个实例与之关联，而实体 B 中每个实例在实体 A 中有 $m(m \geq 0)$ 个实例与之关联，称实体 A 与实体 B 具有多对多联系，记为 m:n。例如，学生与课程、教师与学生。

3. E-R 图

数据库建模有一种直观的图形方法，称为实体-联系图，简称 E-R 图(entity-relationship diagram)。E-R 图主要有 3 个部分：实体、属性和联系。

① 实体：用矩形表示，矩形框内写明实体名。

② 属性：用椭圆形表示，并用无向边将其与相应的实体连接起来。

③ 联系：用菱形表示，菱形框内写明联系名，并用无向边分别与有关实体连接起来，同时在无向边旁标上联系的类型。

【例6-1】 下面用E-R图来表示某个工厂物资管理的数据模型。

物资管理涉及的实体如下。

仓库：属性有仓库号、面积、电话号码。

零件：属性有零件号、名称、规格、单价、描述。

供应商：属性有供应商号、姓名、地址、电话号码、账号。

项目：属性有项目号、预算、开工日期。

职工：属性有职工号、姓名、年龄、职称。

这些实体之间的联系如下：

① 一个仓库可以存放多种零件，一种零件可以存放在多个仓库中，因此仓库和零件具有多对多联系。用库存量表示某种零件在某个仓库中的数量。

② 一个仓库有多个职工为仓库保管员，一个职工只能在一个仓库工作，因此仓库和职工之间是一对多的联系。

③ 职工之间具有领导—被领导关系。即仓库主任领导若干名仓库保管员，因此职工实体中具有一对多联系。

④ 供应商、项目和零件三者之间具有多对多联系。即一个供应商可以供给若干项目多种零件，每个项目可以使用不同供应商供应的零件，每种零件可由不同供应商供给。

工厂物资管理E-R图如图6-1所示。

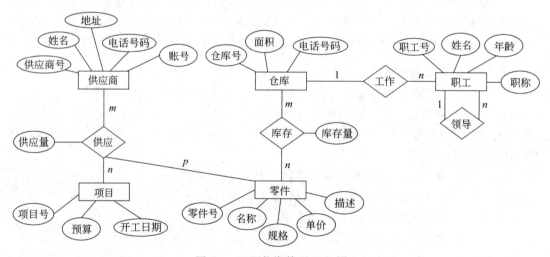

图6-1 工厂物资管理E-R图

实体-联系方法是抽象和描述现实世界的有力工具。用E-R图表示的概念模型独立于具体的DBMS所支持的数据模型，它是各种数据模型的共同基础，因而比数据模型更一般、更抽象、更接近现实世界。

6.3　关系数据库

关系模型已经成为当今主要的数据模型,它是利用表的集合来表示数据和数据间的联系。关系数据库采用关系模型作为数据的组织方式。

6.3.1　关系数据模型

关系数据模型由关系数据结构、关系操作集合和关系完整性约束 3 部分组成。

1. 关系数据结构

关系数据库由表的集合构成,每个表有唯一的名字。例如,表 6-1 记录了有关学生的信息,其有 5 个列首:sNo、sName、sex、age 和 dept。该表中的每一行记录了一位学生的信息,表中的行被认为是代表了从一个特定的 sNo 到 sName、sex、age 和 dept 值之间的联系。

表 6-1　Student 关系

sNo	sName	sex	age	dept
202001001	钱静	女	19	大数据
202001002	刘韵	女	18	人工智能
202001003	周武	男	19	会计
202001004	潘悦	女	19	软件工程
202001005	李俊	男	18	金融
202001006	乔健	男	20	大数据

一般来说,表中一行代表了一组值之间的联系,由于一个表就是这种联系的一个集合,"表"这个概念和数学上的"关系"这个概念是密切相关的,这正是关系数据模型名称的由来。

以下为关系数据库中的常用术语。

① 关系(relation):一个关系对应一张表。

② 元组(tuple):表中的一行即为一个元组。例如,表 6-1 中有 6 个元组,对应于 6 位学生。

③ 属性(attribute):表中的一列即为一个属性,给每一个属性起一个名称即为属性名。例如,表 6-1 中有 5 列,对应每位学生 5 个属性(sNo,sName,sex,age,dept)。

④ 码(key):也称为码键,表中的某个属性组可以唯一确定一个元组。例如,表 6-1 中的 sNo,可以唯一地标识一个学生,也就成为表 6-1 中表关系的码。

⑤ 外码(foreign key):一个关系模式(如 R_1)可能在它的属性中包括另一个关系模

式（如 R_2）的主码，这个属性在 R_1 上称作参照 R_2 的外码。

⑥ 域（domain）：属性的取值范围称为域。如人的年龄一般在 1～150 岁之间，性别的域是男或女，系名的域是一个学校所有系名的集合。

⑦ 分量：元组中的一个属性值。

关系模型要求关系必须是规范化的，即要求关系必须满足一定的规范条件。这些规范条件中最基本的一条就是，关系的每个分量必须是一个不可分的数据项，也就是说，不允许表中还有表。例如，表 6-2 就不符合关系模型要求。

表 6-2　一个工资表（表中有表）实例　　　　　　　　　　　单位：元

职工号	姓名	职称	工　资			扣　除		实发
			基本	津贴	职务	公积金	养老保险	
55608	张三	讲师	2000	1200	50	390	260	2600

2. 关系操作集合

关系数据模型的操作主要包括查询、插入、删除和更新数据。关系的查询表达能力很强，是关系操作中最主要的部分，查询操作有 5 种基本操作，分别是选择、投影、并、差、笛卡儿积，其他操作是可以用基本操作来定义和导出的。这些操作必须满足关系的完整性约束条件。关系数据模型中的数据操作是集合操作，操作对象和操作结果都是关系，即若干元组的集合。

3. 关系完整性约束

关系模型的完整性规则是对关系的某种约束条件，也就是说，关系的值随着时间变化时应该满足一些约束条件，这些约束条件实际上是现实世界的要求，任何关系在任何时刻都要满足这些语义约束。

关系完整性约束条件包括 3 大类：实体完整性、参照完整性和用户定义的完整性。

① 实体完整性：若属性（或属性组）A 是基本关系 R 的主属性，则 A 不能取空值。例如，表 6-1 中，sNo 是表 Student 关系中的主属性，则 sNo 不能取空值。

② 参照完整性：若属性（或属性组）F 是基本关系 R 的外码，它与基本关系 S 的主码 K 相对应，则对于 R 中的每个元组在 F 上的值，或者取空值（F 的每个属性值均为空值），或者等于 S 中某个元组的主码值。

假设有表 Course(cNo,cName,credit)记录了关于课程的信息（课程编号，课程名称，学分）；表 Score(sNo,cNo,grade)存放的是每位学生的每门课程信息，即学号、课程编号、分数。则在表 Student、Course、Score 之间，存在如下关系：Score 关系中，引用了 Student 关系中的主码"sNo"和 Course 关系中的主码"cNo"。同样，Score 关系中的"sNo"值必须是确实存在的 Student 关系中的"sNo"的值，即 Student 关系中有该学生的记录；Score 关系中的"cNo"值必须是确实存在的 Course 关系中的"cNo"值，即 Course 关系中有该课程的记录。换句话说，选修关系中某些属性的取值需要参照其他关系的属性取值。

③ 用户定义的完整性：用户定义的完整性就是针对某一具体关系数据库的约束条件。它反映某一具体应用所涉及的数据必须满足的语义要求，例如某个属性必须取唯一

值,某个非主属性也不能取空值。例如,在表 Student 关系中,必须给出学生姓名,就可以要求学生姓名不能取空值;在表 Score 关系中,grade 属性的取值范围为 0~100。

关系数据模型应提供定义和检验这类完整性的机制,以便用统一的系统的方法处理,而不要由应用程序承担这一功能。

6.3.2 关系代数

关系代数是一种抽象的查询语言,通过对关系的运算来表达查询。关系代数的运算对象是关系,运算结果也是关系。关系代数运算符可以分为 4 类:集合运算符、专门的关系运算符、算术比较运算符和逻辑运算符。其中算术比较运算符和逻辑运算符是用来辅助专门的关系运算符进行操作的。

1. 关系的集合运算符

关系的集合运算是二目运算,包括并、交、差、笛卡儿积四种运算。

设关系 R 和关系 S 具有相同的目 n(即两个关系都有 n 个属性),且相应的属性取自同一个域,t 是元组的变量,$t \in R$ 表示 t 是 R 的一个元组。

可以定义并、差、交、笛卡儿积运算如下:

① 并:R 和 S 的并,记作 $R \cup S = \{t | t \in R \vee t \in S\}$,是 R 中的元素和 S 中的元素共同组成的集合。若某个元素既在 R 中出现,又在 S 中出现,那它也只能在 $R \cup S$ 中出现一次。

② 交:R 和 S 的交,记作 $R \cap S = \{t | t \in R \wedge t \in S\}$,是既出现在 R 中又出现在 S 中的元素组成的集合。

③ 差:R 和 S 的差,记作 $R - S = \{t | t \in R \wedge t \notin S\}$,是只在 R 中出现,不在 S 中出现的元素组成的集合。

④ 笛卡儿积:关系 R 和 S 的笛卡儿积,记作 $R \times S = \{\widehat{t_r t_s} | t_r \in R \wedge t_s \in S\}$。它是一个新关系,其关系模式是 R 和 S 的模式的并集:若 R 有 k_1 个元组,S 有 k_2 个元组,则关系 R 和关系 S 的笛卡儿积有 $k_1 \times k_2$ 个元组。

【例 6-2】 假设关系 R 有两个属性,分别是 A 和 B,关系 S 有三个属性,分别是 B、C 和 D。R 的当前实例有 2 个元组,S 的当前实例有 3 个元组,如表 6-3、表 6-4 所示。

表 6-3 关系 R

A	B
a	l
b	n

表 6-4 关系 S

B	C	D
f	g	h
l	x	y
n	p	x

那么在关系 $R \times S$ 中,关系模式应有 5 个属性:A、R.B、S.B、C 和 D,$R \times S$ 有 6 个元组,如表 6-5 所示。

表 6-5　R×S

A	R.B	S.B	C	D
a	l	f	g	h
a	l	l	x	y
a	l	n	p	x
b	n	f	g	h
b	n	l	x	y
b	n	n	p	x

2. 专门的关系运算符

专门的关系运算包括选择、投影、连接、除运算等。

① 选择：选择运算符是 σ，该运算符作用于关系 R，将产生一个新关系 S，S 的元组集合是 R 的一个满足某条件 C 的子集。选择运算的一般表达式为：$S = \sigma_c(R)$。选择运算实际上是从关系 R 中选取使逻辑表达式 C 为真的元组，这是从行的角度进行的运算。

② 投影：投影运算符是 Π，该运算作用于关系 R，将产生一个新关系 S，S 只具有 R 的某几个属性列。投影运算的一般表达式如下：$S = \Pi_{A_1, A_2, \cdots, A_n}(R)$。$S$ 是投影运算产生的新关系，它只具有 R 的属性 $A_1, A_2, \cdots, A_n$ 所对应的列。投影操作是从列的角度进行的运算。

③ 连接：也称为 θ 连接，它是从两个关系的笛卡儿积中选取属性满足一定条件的元组。关系 R 和 S 基于条件 C 的 θ 连接，记为：$R \underset{C}{\bowtie} S$。它是这样得到的：先作 R 和 S 的笛卡儿积，然后从 $R×S$ 的元组中选择满足条件 C 的元组集合。

④ 除运算：给定关系 $R(X, Y)$ 和 $S(Y, Z)$，其中 X、Y、Z 为属性组。R 中的 Y 与 S 中的 Y 可以有不同的属性名，但必须出自相同的域集。R 与 S 的除运算得到一个新的关系 $P(X)$，P 是 R 中满足下列条件的元组在 X 属性列上的投影：元组在 X 上分量值 x 的象集 Y_x 包含 S 在 Y 上投影的集合。

6.4　关系数据库的标准语言——SQL

SQL(structured query language)，即结构化查询语言，是关系数据库的标准语言，SQL 是一个通用的、功能极强的关系数据库语言，集数据查询、数据操纵、数据定义和数据控制功能于一体。

6.4.1　数据定义

SQL 的数据定义功能包括定义表、定义视图和定义索引，本书只介绍如何定义基本表。

1. 基本表的定义

建立数据库最基本、最重要的一步就是定义一些基本表。SQL 使用 CREATE TABLE 语句定义基本表,其一般格式如下:

CREATE TABLE<表名>(<列名><数据类型>[列级完整性约束条件][, <列名><数据类型>[列级完整性约束条件]]…[, <表级完整性约束条件>]);

其中,<表名>是所要定义的基本表的名字,可以由一个或多个属性(列)组成。括号中是该表的各个属性列,此时需要说明各属性列的数据类型。在创建表的同时通常还可以定义与该表有关的完整性约束条件,这些完整性约束条件被存入系统的数据字典中,当用户操作表中的数据时由 DBMS 自动检查该操作是否违背了这些完整性约束条件。如果完整性约束条件涉及该表的多个属性列,则必须定义在表级,否则既可以定义在列级也可以定义在表级。

【例 6-3】 建立一个"学生表"Student,它由学生编号(sNo)、学生姓名(sName)、性别(sex)、年龄(age)、学生所在系(dept)共 5 个属性组成。

```
CREATE TABLE Student
(sNo char(9) PRIMARY KEY,          /* 列级完整性约束,sNo 是主码 */
sName char(20) UNIQUE,             /* sName 取唯一值 */
sex char(2),
age SMALLINT,
dept char(20)
);
```

系统执行完上面的 CREATE TABLE 语句后,在数据库中建立一个新的空的"学生表"Student,并将有关"学生表"的定义及完整性约束条件存放在数据字典中。

2. 基本表的修改

在基本表建立之后,用户可以根据实际需要对基本表的结构进行修改。SQL 语言用 ALTER TABLE 语句修改基本表,其一般格式为:

```
ALTER TABLE<表名>
[ADD <新列名><数据类型>|[完整性约束]]
[DROP COLUMN<列名>|<完整性约束>]
[ALTER COLUMN <列名><数据类型>]
```

其中,<表名>是要修改的基本表;ADD 子句用于增加新列和新的完整性约束条件;DROP 子句用于删除指定列名和指定的完整性约束条件;ALTER 子句用于修改原先的列定义,包括修改列名和数据类型。

【例 6-4】 向"学生表"Student 中增加"出生日期(birthday)"列,数据类型为日期型。

ALTER TABLE Student ADD birthday DATE;

【例 6-5】 删除"学生表"Student 中的"出生日期(birthday)"列。

ALTER TABLE Student DROP COLUMN birthday;

【例 6-6】 将"学生表"Student 中的年龄(age)的数据类型由短整型改为长整型。

```
ALTER TABLE Student ALTER COLUMN age int;
```

3. 基本表的删除
当某个基本表不再需要时,可以使用 DROP TABLE 语句删除。其一般格式为:

```
DROP TABLE<表名>
```

【例 6-7】 删除"学生表"Student。

```
DROP TABLE Student;
```

基本表的删除是有限制条件的,要删除的基本表不能被其他表的约束所引用,如果存在依赖该表的对象,则此表不能被删除。

6.4.2 数据查询

数据查询是数据库的核心操作,SQL 提供了 SELECT 语句进行数据库的查询,该语句具有灵活的使用方式和丰富的功能。其一般格式为:

```
SELECT [all|distinct]<目标列表达式>[,目标列表达式]
FROM <表名或视图名>[, <表名或视图名>]
[WHERE <条件表达式>]
```

整个 SELECT 语句的含义是根据 WHERE 子句给出的条件表达式从 FROM 子句指定的基本表或视图中找出满足条件的元组,再按 SELECT 子句中的目标表达式选出元组中的属性值形成结果表。

SELECT 语句既可以完成简单的单表查询,也可以完成复杂的连接查询和嵌套查询,本书仅介绍简单的单表查询。

1. 查询表中的若干列
在很多情况下,用户只对表中的一部分属性类列感兴趣,这时可以在 SELECT 子句的<目标列表达式>中指定要查询的属性列。

【例 6-8】 查询全体学生的学号与姓名。

```
SELECT sNo,sName FROM Student;
```

2. 查询表中全部的列
如果要查询表中的所有属性列,可以用两种方法:一种是在目标列表达式中列出所有的列名;另一种是如果列的显示顺序与其在表中定义的顺序相同,则可以简单地在目标表达式中写星号"*"。

【例 6-9】 查询全体学生的详细记录。

```
SELECT * FROM Student;
```

3. 查询经过计算的值

SELECT 子句中的＜目标列表达式＞可以是表中存在的属性列，也可以是表达式、字符串常量或者函数。

【例 6-10】 查询全体学生的姓名及其出生年份。

```
SELECT sName,2020-age FROM Student;
```

4. 消除取值重复的行

本来在数据库中不存在取值完全相同的元组，但是对列进行选择之后，查询结果中就有可能出现取值完全相同的行了，取值完全相同的行在结果中是没有意义的，可以用 DISTINCT 取消它们。

【例 6-11】 在 Score 表中，查询所有选课的学生。

```
SELECT distinct sNo FROM Score;
```

5. 查询满足条件的元组

查询满足条件的元组是通过 WHERE 子句实现的。WHERE 子句常用的查询条件有比较大小、确定范围等。

【例 6-12】 查询所有年龄在 20 岁以下的学生姓名及其年龄。

```
SELECT sName,age FROM Student WHERE age<20;
```

【例 6-13】 查询年龄在 18～20 岁（包括 18 岁和 20 岁）之间的学生的姓名、系别和年龄。

```
SELECT sName,dept,age FROM Student WHERE age BETWEEN 18 AND 20;
```

6.4.3　数据更新

数据更新操作有 3 种：向表中添加若干行数据、修改表中的数据和删除表中的若干行数据。

1. 插入数据

插入元组的 INSERT 语句的格式为：

```
INSERT INTO <表名>[<属性列 1>[,<属性列 2>…]]VALUES(<常量 1>[,<常量 2>]…);
```

其功能是将新元组插入指定的表中，其中新元组的属性列 1 的值为常量 1，属性列 2 的值为常量 2，……对于 INTO 子句中没有出现的属性列，新元组在这些列上将取空值。但必须注意的是，在表定义时说明了 NOT NULL 的属性列不能取空值，否则会出错。

【例 6-14】 将一个新学生元组（学号，202101007；姓名，张；性别，男；年龄，18；所在系，大数据）插入 Student 表中。

```
INSERT INTO Student(sNo,sName,sex,age,dept) VALUES('202101007','张三','男',
```

18,'大数据');

2. 修改数据

修改操作又称为更新操作,其语句的一般格式为:

UPDATE<表名>SET <列名 1>=<表达式 1>[,<列名2>=<表达式 2>…][WHERE <条件>];

其功能是修改指定表中满足 WHERE 子句条件的元组,其中 SET 子句给出<表达式 i>的值取代<列名 i>相应的属性列的值。如果省略 WHERE 子句,则表示要修改表中所有的元组。

【例 6-15】 将学生 202101007 的年龄改为 20 岁。

UPDATE Student SET age=20 WHERE sNo='202101007';

3. 删除数据

删除语句的一般格式为:

DELETE FROM <表名>[WHERE <条件>];

DELETE 语句的功能是从指定表中删除满足 WHERE 子句条件的所有元组。如果省略 WHERE 子句,表示删除表中的全部元组,但表的定义仍在数据字典中。也就是说,DELETE 语句删除的是表中的数据,而不是关于表的定义。

【例 6-16】 删除学号为 202101007 的学生记录。

DELETE FROM Student WHERE sNo='202101007';

值得注意的是,由于增、删、改每次只能对一个表进行操作,如果不注意关系之间的参照完整性和操作顺序,就会导致操作失败甚至发生数据库不一致的问题。

本 章 小 结

1. 数据库是指在数据库管理系统(DBMS)统一管理和控制下,具有数据冗余度小、一致性高,高效、安全、方便操作,独立于应用程序的一组相关数据集合。

2. 常见的数据库管理系统软件有:Access 数据库、SQL Server 数据库、Oracle 数据库、MySQL 数据库和 NoSQL 数据库等。

3. 数据模型通常由数据结构、数据操作和完整性约束三部分组成。

4. 常用的数据模型有:层次模型、网状模型、关系模型等。

5. E-R 图主要有三个部分:实体、属性和联系。

6. 两个实体之间的联系可分为三类:一对一联系、一对多联系和多对多联系。

7. 关系模型是利用表的集合来表示数据和数据间的联系。关系数据库采用关系模型作为数据的组织方式。

8. 关系代数是一种抽象的查询语言,通过对关系的运算来表达查询。

9. SQL 是关系数据库的标准语言,集数据查询、数据操纵、数据定义和数据控制功能于一体。

习　　题

1. DB、DBMS、DBS 三者之间的关系是(　　)。

    A. DB 包括 DBMS 和 DBS   B. DBS 包括 DB 和 DBMS

    C. DBMS 包括 DB 和 DBS   D. DBS 与 DB 和 DBMS 无关

2. 在下列 4 项中,不属于数据库系统特点的是(　　)。

    A. 数据共享   B. 具有完整性   C. 数据冗余度高   D. 数据独立性高

3. 数据库管理系统(DBMS)是用来(　　)的软件系统。

    A. 建立数据库   B. 保护数据库   C. 管理数据库   D. 以上都对

4. 数据模型用来表示实体间的联系,但不同的数据库管理系统支持不同的数据模型。在常用的数据模型中,不包括(　　)。

    A. 关系模型   B. 层次模型   C. 网状模型   D. 链状模型

5. 用二维表数据来表示实体之间联系的模型称为(　　)。

    A. 关系模型   B. 层次模型   C. 网状模型   D. 实体-联系模型

6. 什么是数据库? 数据库管理系统的作用是什么?

7. 什么是关系/表? 关系的基本操作有哪些?

# 第 **7** 章　多媒体信息处理

　　贯彻党的二十大精神,筑牢政治思想之魂。多媒体技术有助于我们全面认识把握新时代 10 年伟大变革的深刻内涵和重大意义,深刻感悟这些伟大变革对党、对中国人民、对社会主义现代化建设、对科学社会主义在 21 世纪中国的发展的深远影响。

　　多媒体技术使计算机具有综合处理声音、文字、图像和视频的能力,它以形象丰富的声、文、图等信息和方便的交互性,极大地改善了人机界面,改变了人们使用计算机的方式,从而为计算机进入人类生活和生产的各个领域打开了方便之门,给人们的工作、生活和娱乐带来深刻的变化。

7.1　多媒体技术的基本概念

　　多媒体技术(multimedia technology)是利用计算机对文本、图形、图像、声音、动画、视频等多种信息综合处理、建立逻辑关系和人机交互作用的技术。它能同时获取、处理、编辑、存储和展示两种以上不同类型的信息媒体,使用计算机处理多种媒体信息,是用来扩展人与计算机交互方式的多种技术的综合。

7.1.1　媒体类型

　　国际电话电报咨询委员会(International Telegraph and Telephone Consultative Committee,CCITT)把媒体分成 5 类。

　　(1) 感觉媒体(perception medium):指直接作用于人的感觉器官,使人产生直接感觉的媒体,如引起听觉反应的声音、引起视觉反应的图像等。

　　(2) 表示媒体(representation medium):指传输感觉媒体的中介媒体,即用于数据交换的编码,如图像编码(JPEG、MPEG 等)、文本编码(ASCII 码、信息交换用汉字编码字符集等)和声音编码等。

　　(3) 表现媒体(presentation medium):指进行信息输入和输出的媒体,如键盘、鼠标、扫描仪、话筒、摄像机等输入媒体,以及显示器、打印机等输出媒体。

　　(4) 存储媒体(storage medium):指用于存储表示媒体的物理介质,如硬盘、软盘、磁盘、光盘、ROM 及 RAM 等。

　　(5) 传输媒体(transmission medium):指传输表示媒体的物理介质,如电缆、光

缆等。

7.1.2　多媒体系统的组成

多媒体系统由两部分组成:多媒体硬件系统和多媒体软件系统。其中,多媒体硬件系统主要包括计算机主要配置和各种外部设备,以及与各种外部设备的控制接口卡(其中包括多媒体实时压缩和解压缩电路);多媒体软件系统包括多媒体驱动软件、多媒体操作系统、多媒体数据处理软件、多媒体创作工具软件和多媒体应用软件。

目前最普遍的多媒体硬件系统为基于 IBMPC 系列的多媒体个人计算机(MPC)和基于 Apple Macintosh 的系列计算机。

多媒体软件系统是多媒体技术的灵魂,作用是使用户能方便而有效地组织和运用多媒体数据。多媒体的软件按其功能可分为:①系统软件,是个人计算机的基本操作系统,如 Windows 系列软件;②编辑软件,是用于采集、整理和编辑各种媒体数据的软件,如文字处理软件、声像处理软件等;③创作软件,是用于集成汇编多媒体素材、设置交互控制的程序,包括语言型创作软件如 Visual Basic,工具型合作软件如 Tool Book 等;④多媒体应用软件,是指应用上述软件编制出来的多媒体产品,用于教学的多媒体产品称多媒体教学教材或多媒体课件。

7.2　多媒体文件格式及标准

多媒体文件是指多媒体应用中可显示给用户的媒体元素。目前常见的媒体元素主要有文本、图形、图像、声音、动画和视频等。

7.2.1　声音文件

数字音频同 CD 音乐一样,是将真实的数字信号保存起来,播放时通过声卡将信号恢复成悦耳的声音。

1. Wave 文件(.WAV)

Wave 文件是微软公司开发的一种声音文件格式,用于保存 Windows 平台的音频信息资源,被 Windows 平台及其应用程序所广泛支持,是 PC 机上最为流行的声音文件格式,但其文件尺寸较大,多用于存储简短的声音片段。

2. MPEG 音频文件(.MP1、.MP2、.MP3)

MPEG 是 moving picture experts group 的缩写。这里的 MPEG 音频文件是指 MPEG 标准中的音频部分。MPEG 音频文件的压缩是一种有损压缩,根据压缩质量和编码复杂程度的不同可分为 3 层(MPEG Audio Layer 1/2/3),分别对应 MP1、MP2、MP3 等 3 种声音文件。MPEG 音频编码具有很高的压缩比,MP1 和 MP2 的压缩比分别为

4：1 和 6：1～8：1,标准的 MP3 的压缩比是 10：1。一个 3min 长的音乐文件压缩成 MP3 后大约是 4MB,同时其音质基本保持不失真。目前在网络上使用最多的是 MP3 文件格式。

3. RealAudio 文件（.RA、.RM、.RAM）

RealAudio 是 Real Networks 公司开发的一种新型流行音频文件格式,主要用于在低速率的广域网上实时传输音频信息,网络连接速率不同,客户端所获得的声音质量也不尽相同。对于 14.4Kb/s 的网络连接,可获得调频（AM）质量的音质;对于 28.8 Kb/s 的网络连接,可以达到广播级的声音质量;如果拥有 ISDN 或更快的网络连接,则可获得 CD 音质的声音。

4. WMA 文件

WMA（windows media audio）是继 MP3 后最受欢迎的音乐格式,在压缩比和音质方面都超过了 MP3,能在较低的采样频率下产生好的音质。WMA 有微软公司的 Windows Media Player 作强大的后盾,目前网上的许多音乐纷纷转向 WMA。

5. MIDI 文件（.MID）

MIDI（musical instrument digital interface）是乐器数字接口,是数字音乐/电子合成乐器的统一国际标准,它定义了计算机音乐程序、合成器及其他电子设备交换音乐信号的方式,还规定了不同厂家的电子乐器与计算机连接的电缆和硬件及设备间数据传输的协议,可用于为不同乐器创建数字声音,可以模拟大提琴、小提琴、钢琴等常见乐器。MIDI 文件中,只包含产生某种声音的指令,计算机将这些指令发送给声卡,声卡按照指令将声音合成出来,相对于声音文件,MIDI 文件显得更加紧凑,其文件尺寸也小得多。

7.2.2　视频文件

视频文件一般分为两类,即影像文件和动画文件。

1. 影像文件

① AVI 文件（.AVI）。AVI（audio video interleaved）是音频视频交互,该格式的文件是一种不需要专门的硬件支持就能实现音频与视频压缩处理、播放和存储的文件。AVI 文件可以把视频信号和音频信号同时保存在文件中。在播放时,音频和视频同步播放。AVI 文件在使用上非常方便。例如在 Windows 环境中,利用"媒体播放机"能够轻松地播放 AVI 视频图像;利用微软公司 Office 系列中的电子幻灯片软件 PowerPoint,也可以调入和播放 AVI 文件;在网页中也很容易加入 AVI 文件;利用高级程序设计语言,也可以定义、调用和播放 AVI 文件。

② MPEG 文件（.MPEG、.MPG、.DAT）。MPEG 标准是运动图像压缩算法的国际标准,MPEG 标准包括 MPEG 视频、MPEG 音频和 MPEG 系统（视频、音频同步）3 个部分,前面介绍的 MP3 音频文件就是 MPEG 音频的一个典型应用。MPEG 标准是针对运动图像而设计的,其基本方法是：在单位时间内采集并保存第一帧信息,然后只存储其余

帧相对第一帧发生变化的部分,从而达到压缩的目的。它主要采用两个基本压缩技术:运动补偿技术实现时间上的压缩,而变换域压缩技术则实现空间上的压缩。MPEG 的平均压缩比为 50∶1,最高可达 200∶1,压缩效率非常高,同时图像和音响的质量也非常好。

MPEG 的制订者原打算开发 4 个版本:MPEG1-MPEG4,以适用于不同带宽和数字影像质量的要求。后由于 MPEG3 被放弃,现存的只有 3 个版本:MPEG-1、MPEG-2、MPEG-4。VCD 使用 MPEG-1 标准制作;而 DVD 则使用 MPEG-2。MPEG-4 标准主要应用于视像电话、视像电子邮件和电子新闻等,其压缩比例更高,所以对网络的传输速率要求相对较低。

③ ASF 文件。ASF(advanced streaming format)是微软公司的影像文件格式,是 Windows Media Service 的核心。ASF 是一种数据格式,音频、视频、图像及控制命令脚本等多媒体信息通过这种格式,以网络数据包的形式传输,实现流式多媒体内容发布。其中,在网络上传输的内容就称为 ASF Stream。ASF 支持任意的压缩/解压缩编码方式,并可以使用任何一种底层网络传输协议,具有很大的灵活性。

④ RM 文件。RM(real media)是 Real Networks 公司开发的视频文件格式,也是出现最早的视频流格式。它可以是一个离散的单个文件,也可以是一个视频流。它在压缩方面做得非常出色,生成的文件非常小,已成为网上直播的通用格式,并且这种技术已相当成熟。因此,在有微软公司那样强大的对手面前,它并没有迅速倒去,直到现在依然占有视频直播的主导地位。

⑤ MOV 文件。这是著名的美国苹果公司开发的一种视频格式,默认的播放器是苹果的 QuickTime Player,几乎所有的操作系统都支持 QuickTime 的 MOV 格式,现在已经是数字媒体事实上的工业标准,多用于专业领域。

2. 动画文件

① GIF 动画文件(.GIF)。GIF(graphics interchange format)是图形交换格式,是由 CompuServe 公司于 1987 推出的一种高压缩比的彩色图像文件格式,主要用于图像文件的网络传输。考虑到网络传输中的实际情况,GIF 图像格式除了一般的逐行显示方式外,还增加了渐显方式,也就是说,在图像传输过程中,用户可以先看到图像的大致轮廓,然后随着传输过程的继续逐渐看清图像的细节部分,从而适应了用户的观赏心理。最初,GIF 只是用来存储单幅静止图像,后又进一步发展为可以同时存储若干幅静止图像并进而形成连续的动画,目前 Internet 上动画文件多为 GIF 格式。

② Flic 文件(.FLI、.FLC)。Flic 文件是 Autodesk 公司在其出品的 2D、3D 动画制作软件中采用的动画文件格式。其中,FLI 是最初的基于 320×200 分辨率的动画文件格式,而 FLC 则是 FLI 的扩展,采用了更高效的数据压缩技术,其分辨率也不再局限于 320×200。Flic 文件采用行程编码(RLE)算法和 Delta 算法进行无损的数据压缩。首先压缩并保存整个动画系列中的第一幅图像,然后逐帧计算前后两幅图像的差异或改变部分,并对这部分数据进行 RLE 压缩,由于动画序列中前后相邻图像的差别不大,因此可以得到相当高的数据压缩率。

③ SWF 文件。SWF 是一种基于矢量的 Flash 动画文件格式,一般用 FLASH 软件创作并生成 SWF 文件格式,也可以通过相应软件将 PDF 等类型转换为 SWF 文件格式。

SWF 文件广泛用于创建吸引人的应用程序，包含丰富的视频、声音、图形和动画。可以在 Flash 中创建原始内容，或者从其他 Adobe 应用程序（如 Photoshop 或 Illustrator）导入它们，快速设计简单的动画，或者使用 Adobe ActionScript 3.0 开发高级的交互式项目。设计人员和开发人员可使用它来创建演示文稿、应用程序和其他允许用户交互的内容。Flash 可以包含简单的动画、视频内容、复杂演示文稿和应用程序，以及介于它们之间的任何内容。通常，使用 Flash 创作的各个内容单元称为应用程序，即使它们可能只是很简单的动画。通过添加图片、声音、视频和特殊效果，也可以构建包含丰富媒体的 Flash 应用程序。

7.2.3　图形图像文件

1. BMP 文件

BMP（Bitmap）是微软公司为其 Windows 环境设置的标准图像格式。该格式图像文件的色彩极其丰富，根据需要，可选择图像数据是否采用压缩形式存放。一般情况下，BMP 格式的图像是非压缩格式，故文件尺寸比较大。

2. PCX 文件

PCX 格式最早由 Zsoft 公司推出，在 20 世纪 80 年代初授权给微软公司与其产品捆绑发行，而后转变为 Microsoft Paintbrush，并成为 Windows 的一部分。虽然使用这种格式的人在减少，但带有.PCX 扩展名的文件现在仍十分常见。它的特点是：采用 RLE 压缩方式存储数据，图像显示与计算机硬件设备的显示模式有关。

3. TIFF 文件

TIFF 是 tag image file format 的缩写。该格式图像文件可以在许多不同的平台和应用软件间交换信息，其应用相当广泛。TIFF 格式图像文件的特点：支持从单色模式到 32bit 真彩色模式的所有图像；数据结构是可变的，文件具有可改写性，可向文件中写入相关信息；具有多种数据压缩存储方式，使解压缩过程变得复杂化。

4. GIF 文件

GIF 格式是世界通用的图像格式，是一种压缩的 8bit 图像文件。正因为它是经过压缩的，而且又是 8bit 图像文件，所以这种格式是网络传输和公告板用户使用最频繁的文件格式，传输速度要比其他格式的图像文件快得多。

5. PNG 文件

PNG 是 portable network graphic 的缩写，是作为 GIF 的替代品开发的，能够避免使用 GIF 文件所遇到的常见问题。它从 GIF 那里继承了许多特征，而且支持真彩色图像。更重要的是，在压缩位图数据时，其采用了一种颇受好评的 LZ77 算法的一个变种。

6. JPEG 文件

JPEG 是 joint photographic experts group 的缩写。JPEG 格式的图像文件具有迄今为止最为复杂的文件结构和编码方式，和其他格式的最大区别是 JPEG 使用一种有损压缩算法,是以牺牲一部分的图像数据来达到较高的压缩率,但是这种损失很小以至于很难被察觉,印刷时不宜使用此格式。

7. PSD、PDD 文件

PSD、PDD 是 Photoshop 专用的图像文件格式。

8. EPS 文件

CorelDRAW、FreeHand 等软件均支持 EPS 格式,它属于矢量图格式,输出质量非常高,可用于绘图和排版。

9. TGA 文件

TGA(Targa)是由 TrueVision 公司设计,可支持任意大小的图像。专业图形用户经常使用 TGA 点阵格式保存具有真实感的三维有光源图像。

7.3　多媒体数据的处理技术

最近几年,许多企业开始采用计算机系统管理文档、财务数据等,为了更好地处理内容复杂、信息量大的数据,必须确保数据与程序的独立性。数据库系统的应用满足了上述需求。但是随着时代的发展,出现了许多大量多媒体数据,它们不仅数据量大,而且不同存储媒体间有很大差异,具有实时性要求,使数据库的结构形式发生了改变,在管理多媒体数据时除了要考虑版本控制问题之外,还要具备处理长事务的能力。因此,多媒体数据处理技术应具备以下功能:①表达并处理以视频、声音、图形等无格式数据为主的多媒体数据;②可以管理并反映不同多媒体数据间的空间与时间关联,以及多媒体数据的特征;③以内容为基础进行查询;④具备版本控制与处理长事务的能力;⑤具有网络功能;⑥运用不同操作方法处理不同的多媒体数据;⑦具有开放性。

7.3.1　数据库中多媒体数据的处理技术

1. 数据流技术

应用数据流技术处理多媒体数据的基础是高级数据库接口技术 ADO,它能使通过任何 OLE.DB 提供者的客户端应用程序对数据库服务器内的数据进行访问与操作。ADO 具有磁盘遗迹小、内存支出少、速度快、易于使用等优点,用户为了对数据库内的数据加以访问,能够在 ADO 的基础上编写应用程序。它支持的功能主要有 Web 的应用程序与建立服务器/客户端。另外,通过它还可以实现"远程数据访问",使服务器中的数据通过来回传输后移动至 Web 页或客户端应用程序中,接着可以在客户端操作得到的数据,更新后将其发往服务器即可。

在 VB 中利用数据流对象对多媒体数据进行操作的步骤主要有 4 个。第一,打开数据库登录程序。第二,"定位文件"按钮,通过它能够得到某个磁盘文件的路径,以便在数据库中保持多媒体文件。图片需要在图画框中显示,声音视频文件直接播放即可。在工具箱中添加 Microsoft command Dialog 控件,并通过"菜单/工具/部件"选择。第三,在数据库中保存数据,通常需要通过"菜单/工具"中的引入选项将 Stream 对象引入 ADO 2.5 中。第四,在读取数据库中的多媒体数据时,要采用 MSFlexGrid 控件使网格数据显示出来,或者对其实施操作。该空间提供的格式设置、网格合并与排序等功能十分灵活,还能将图片与字符串加入网格之中。因此,必须通过"菜单/工具"中的部件选项在工程中添加 MSFlexGrd.oex 文件,对其中一行双击后,以鼠标返回的位置为依据,找到需要数据库中读取的数据。该方法主要是将 Stream 引入 ADO 2.5 中,从而实现对二进制大对象数据的访问与修改。

2. Filed 对象中的方法

数据访问对象(database access object,DAO)用来访问现有数据库,通过它能够建立全功能应用程序,还可以创建数据库,它相当于数据库引擎面向对象的一个接口。其中,ODBC 服务器/客服数据库,比如 Microsoft SQL Server 等,以及 Microsoft FoxPro、dBase、Microsoft Access 等现在流行的不同格式的数据库均属于现有的数据库。实现结构化数据库系统的创建与访问后,编程也变得更加方便,不仅可以将已存在的数据库应用于程序之中,还允许其他程序与应用程序间进行数据共享,并且实现编程的简化,不需要再对低级文件的查找与访问进行处理。

应用 Filed 对象中的方法在 VB 中处理多媒体数据时,主要有 3 个操作步骤。首先,打开数据库登录程序。其次,在数据库中保存数据。同数据流处理技术中的 ADO 相同,应用 Filed 对象中的方法也需要设置"定位文件"按钮事件,运用 Append Chunk 方法进行保存。在此过程中,注意指定块的大小和文件中数据的长度,以此为依据明确文件中数据长度能分的块数及不足一块的大小,先对不足一块的部分进行处理,接着处理剩下的数据。最后,读取数据库中的数据,与 ADO 中的方法一样,需要使用 MSFlexGrid 控件,将文件分块处理后读取数据。

3. 应用 PowerBuilder 处理多媒体数据

作为数据库开发工具,PowerBuilder 本身具有和不同数据库的接口,它的数据库窗口对象十分出色,对数据库进行操作时有很大的优势,例如功能强大、快捷、方便等。与此同时,PowerBuilder 还能够开发多媒体界面。它早期虽然没有强大的多媒体数据处理功能,但是经过一系列改革,处理技术得到了极大改进。嵌入式数据库语言结合 PowerBuilder 中包含的 Blob 数据类型能够达到多媒体数据在数据库间直接交互的目的,在处理多媒体数据时非常方便。

为了处理类型各异、形式多样的多媒体数据,数据库必须具备表达视频、声音、图形等无格式数据的能力,能够将各种多媒体数据间的空间、时间关联或多媒体数据的特征反映出来,并且具有网络功能等。利用 Filed 对象中的方法、数据流技术及 PowerBuilder 都可以处理多媒体数据,使其实现有关的功能,在使用时应结合具体的多媒体数据选择合适的处理技术,保证数据库系统高效运行。

7.3.2　多媒体数据压缩技术

1. 多媒体数据压缩的必要性

由于数字化的多媒体信息尤其是数字视频、音频信号的数据量特别庞大，如果不对其进行有效的压缩就难以得到实际的应用。因此，数据压缩技术已成为当今数字通信、广播、存储和多媒体娱乐中的一项关键的共性技术。

2. 多媒体数据压缩的可行性

首先，数据中间常存在一些多余成分，即冗余度。如在一份计算机文件中，某些符号会重复出现、某些符号比其他符号出现得更频繁、某些字符总是在各数据块中可预见的位置上出现等，这些冗余部分便可在数据编码中除去或减少。冗余度压缩是一个可逆过程，因此称为无失真压缩，或称为保持型编码。

其次，数据中间尤其是相邻的数据之间，常存在着相关性。如图片中常常有色彩均匀的背影，电视信号的相邻两帧之间可能只有少量的变化影物是不同的，声音信号有时具有一定的规律性和周期性等。因此，有可能利用某些变换来尽可能地去掉这些相关性。但这种变换有时会带来不可恢复的损失和误差，因此称为不可逆压缩，或称为有失真编码、摘压缩等。

最后，人们在欣赏音像节目时，由于耳、目对信号的时间变化和幅度变化的感受能力都有一定的极限，如人眼对影视节目有视觉暂留效应，人眼或人耳对低于某一极限的幅度变化已无法感知等，故可将信号中这部分感觉不出的分量压缩掉或"掩蔽掉"。这种压缩方法同样是一种不可逆压缩。

对于数据压缩技术而言，最基本的要求就是要尽量降低数据量，同时仍保持一定的信号质量。不难想象，数据压缩的方法应该是很多的，但本质上不外乎上述完全可逆的冗余度压缩和实际上不可逆的摘压缩两类。冗余度压缩常用于磁盘文件、数据通信和气象卫星云图等不允许在压缩过程中有丝毫损失的场合中，但它的压缩比通常只有几倍，远远不能满足数字视听应用的要求。在实际的数字视听设备中，差不多都采用压缩比更高但实际有损的摘压缩技术。

只要作为最终用户的人觉察不出或能够容忍这些失真，就允许对数字音像信号进一步压缩以换取更高的编码效率。摘压缩主要有特征抽取和量化两种方法，指纹的模式识别是前者的典型例子，后者则是一种更通用的摘压缩技术。

3. 多媒体数据压缩的种类

目前，多媒体设计与制作有许多数据压缩方法。根据还原后的数据与压缩前的原始数据是否相同，数据压缩方法分为无损压缩方法和有损压缩方法两种。

无损压缩方法（lossless compression）是指还原后的数据与压缩前的原始数据是完全相同的，压缩过程中没有丢失原始数据的信息。无损压缩算法在很多领域都是必需的，例如记载有财务数据的电子表格、合同文本、可执行程序等数据在压缩过程中都不能丢失任何数据。常见的无损压缩算法包括：行程编码算法（run-length encoding，RLE）、LZW压缩算法（Lempel-Ziv-Welch Encoding）、BWT 变换法（burrows-wheeler transform，BWT）、部分匹配预测法（prediction by partial matching，PPM）、动态马尔可夫压缩法（dynamic markov compression，DMC）、Huffman 编码法（Huffman coding）、算术编码法（arithmetic coding）、Golomb 编码法（Golomb coding）、无损分布式信源编码压缩法（lossless distributed source coding，无损 DSC）等。

有损压缩方法（lossy compression）是指还原后的数据与压缩前的原始数据不相同，数据中的部分信息在压缩过程中损失了。例如，JPEG 图像是指采用 JPEG 编码方式进行存储的图像数据，JPEG 编码方式就是一种有损压缩方法。有损压缩方法应用于那些允许信息有一定失真的领域。有损压缩方法可以达到比较高的压缩比，因此，大多数的图像、音频、视频格式为了达到高压缩比，采用了有损压缩方法。在有损压缩方法中，能够达到的压缩程度往往与初始数据的类型相关，压缩比通常在 10∶1～100∶1。常见的有损压缩算法主要有离散余弦变换法（discrete cosine transform，DCT）、分形压缩法（fractal compression）、小波压缩法（wavelet compression）、向量量化法（vector quantization）、线性预测编码法（linear predictive coding）、有损分布式信源编码压缩法（lossy distributed source coding，有损 DSC）等。

目前常用的多媒体数据压缩编码的国际标准有三种：

① 静止图像压缩标准 JPEG。JPEG(joint photographic experts group)是静态图像专家组，是静态图像压缩方法，是互联网上使用最为广泛的图像格式。这是一种有多种压缩程度的有损压缩方法，其文件名后缀包括.jpg、.jpeg 等。该图像格式于 1994 年成为 ISO 10918-1 标准。该标准采用了多种压缩方法，主要包括 DCT、向量量化法和 Huffman 编码法等。JPEG 2000 是静态图像专家组于 2000 年发布的静态图像压缩格式，这种格式主要采用了基于小波的压缩算法。与 JPEG 相比，JPEG 2000 图像格式在性能上有了很大的提高。其文件名后缀包括.jp2、.jpx 等，标准号是 ISO/IEC 15444。目前，JPEG 2000 在互联网上的应用还没有得到大多数浏览器的支持。

② 运动图像压缩标准 MPEG。视频图像压缩的一个重要标准是 MPEG(运动图像专家组)于 1990 年形成的一个标准草案(简称 MPEG 标准)，它兼顾了 JPEG 标准和 CCITT 专家组的 H.261 标准，其中 MPEG-1 标准是针对传输速率为 1～1.5Mb/s 的普通电视质量的视频信号的压缩；MPEG-2 标准的目标则是对每秒 30 帧的 720×572 分辨率的视频信号进行压缩；在扩展模式下，MPEG-2 可以对分辨率达 1440×1152 高清晰度电视(HDTV)的信号进行压缩。MPEG 标准分成 MPEG 视频、MPEG 音频和视频音频同步三个部分。

③ 数字视频音频编码标准 AVS。数字视频音频编码标准 AVS 是我国自主知识产权的第二代信源编码标准，编码效率比目前音视频产业可以选择的信源编码标准 MPEG-2 高 2～3 倍，与 AVC 相当，但技术方案简洁，芯片实现复杂度低。AVS 通过简洁的一站式许可政策，解决了 AVC 专利许可问题死结，是开放式制定的国家、国际标准，易于推广。此外，AVC 仅是一个视频编码标准，而 AVS 是一套包含系统、视频、音频、媒体版权管理的完整标准体系，为数字音视频产业提供了更全面的解决方案。

在多媒体产业的形成和发展过程中，数据压缩技术及其标准化工作虽然取得了长足进展,但仍处在研究和发展阶段,依然是多媒体制作的一个重要研究领域。不断探索和研究压缩比高、实现简单、质量完美的数据压缩方法仍是今后多媒体研究的一个重要课题,而且还有更长更艰巨的路要走。

7.4 多媒体存储技术

多媒体的信息量一般都比较庞大,于是就需要大容量的信息存储设备来存储这些信息,目前主要有光盘、硬盘、USB 存储设备 3 大类。

1. 光盘

光盘是用激光扫描的记录和读出方式保存信息的一种介质,目前主要有 CD、DVD、蓝光光盘 3 大类。

CD 光盘:一张 CD 光盘的容量为 680MB,能够存储约 70min MPEG-1 格式的视频内容或者十几个小时的语言信息或数千幅静止图像。

DVD 光盘:DVD 光盘的容量是 4.7GB,可存储 133min 的高分辨率全动态影视节目,包括杜比数字环绕声音轨道,图像和声音质量是 VCD 所不及的。

蓝光光盘:蓝光光盘是目前最新的光盘格式,一个单层的蓝光光碟的容量为 25GB或 27GB,足够存储一个长达 4h 的高分辨率影片。而双层、4 层、8 层的蓝光光碟其容量可达到 54GB、100GB、200GB。

2. 硬盘

硬盘的容量是以 MB、GB、TB 为单位的。早期的硬盘容量低下,大多以 MB 为单位。随着硬盘技术的飞速发展,TB 级容量的硬盘也已进入家庭用户的手中。目前硬盘的容量主要有 250GB、320GB、500GB、600GB、750GB、1TB、2TB、3TB、6TB 等,硬盘技术还在继续向前发展,更大容量的硬盘还将不断推出。

3. USB 存储设备

USB 存储设备是通过 USB 接口与计算机相连的辅助存储设备,USB 接口的规范目前有 USB 1.0/1.1、USB 2.0、USB 3.0。

在早期的 USB 1.0/1.1 规范中,其最高传输速率为 12Mb/s,可同时支持全速 12Mb/s的高端设备和低速 1.5Mb/s 的低端设备的访问,最多允许连接 127 个不同的外部设备,支持热插拔和即插即用功能。

USB 2.0 规范完全兼容了 USB 1.0/1.1 规范,并且将传输速率提升到 480Mb/s。而最新的 USB 3.0 的传输速率为 USB 2.0 的 10 倍,也就是 4.8Gb/s。

USB 存储设备主要有 U 盘和移动硬盘。U 盘是采用 Flash 芯片来存储数据的,具有体积小、重量轻等特点,目前其容量主要有 8GB、16GB、32GB、64GB、128GB、256GB、512GB、1TB 等。而移动硬盘与普通硬盘类似,通过 USB 接口与计算机相连,支持热插拔,可以很方便地用于数据交换。

7.5　虚拟现实

虚拟现实(Virtual Reality,VR)技术,又称灵境技术,是20世纪发展起来的一项全新的实用技术。虚拟现实技术囊括计算机、电子信息、仿真技术于一体,其基本实现方式是计算机模拟虚拟环境从而给人以环境沉浸感。随着社会生产力和科学技术的不断发展,各行各业对VR技术的需求日益旺盛。VR技术也取得了巨大进步,并逐步成为一个新的科学技术领域。

所谓虚拟现实,顾名思义,就是虚拟和现实相互结合。从理论上来讲,虚拟现实技术是一种可以创建和体验虚拟世界的计算机仿真系统,它利用计算机生成一种模拟环境,使用户沉浸到该环境中。虚拟现实技术就是利用现实生活中的数据,通过计算机技术产生的电子信号,将其与各种输出设备结合使其转化为能够让人们感受到的现象,这些现象可以是现实中真真切切的物体,也可以是我们肉眼所看不到的物质,通过三维模型表现出来。因为这些现象不是我们直接所能看到的,而是通过计算机技术模拟出来的现实中的世界,故称为虚拟现实。

虚拟现实技术受到了越来越多人的认可,用户可以在虚拟现实世界体验到最真实的感受,其模拟环境的真实性与现实世界难辨真假,让人有种身临其境的感觉。虚拟现实技术具有一切人类所拥有的感知功能,比如听觉、视觉、触觉、味觉、嗅觉等感知系统;同时,它具有超强的仿真系统,真正实现了人机交互,使人在操作过程中,可以随意操作并且得到环境最真实的反馈。正是虚拟现实技术的存在性、多感知性、交互性等特征使它受到了许多人的喜爱。

7.5.1　虚拟现实技术发展历史

(1) 第一阶段(1962年及以前):有声形动态的模拟是蕴涵虚拟现实思想的阶段

1929年,埃德温·艾伯特·林克(Edwin Albert Link)设计出用于训练飞行员的模拟器;1956年,海里格(Morton Heilig)开发出多通道仿真体验系统Sensorama。

(2) 第二阶段(1963—1972年):虚拟现实萌芽阶段

1965年,Ivan Sutherland发表论文"终极的显示"(UltimateDisplay);1968年,苏泽兰(Ivan Sutherland)研制成功了带跟踪器的头戴式显示器(HMD);1972年,布什内尔(Nolan Bushell)开发出第一个交互式电子游戏Pong。

(3) 第三阶段(1973—1989年):虚拟现实概念的产生和理论初步形成阶段

1977年,Dan Sandin等研制出数据手套Sayre Glove;1984年,NASA AMES研究中心开发出用于火星探测的虚拟环境视觉显示器;1984年,VPL公司的拉尼尔(Jaron Lanier)首次提出"虚拟现实"的概念;1987年,Jim Humphries设计了双目全方位监视器(BOOM)的最早原型。

(4) 第四阶段(1990年至今):虚拟现实理论进一步的完善和应用阶段

1990年，提出 VR 技术包括三维图形生成技术、多传感器交互技术和高分辨率显示技术；VPL 公司开发出第一套传感手套"DataGloves"，第一套 HMD"EyePhoncs"；21 世纪以来，VR 技术高速发展，软件开发系统不断完善，有代表性的如 MultiGen Vega、Open Scene Graph、Virtools 等。

7.5.2 虚拟现实技术分类

VR 涉及学科众多，应用领域广泛，系统种类繁杂，这是由其研究对象、研究目标和应用需求决定的。从不同角度出发，可对 VR 系统做出不同分类。

1. 根据沉浸式体验角度分类

沉浸式体验分为非交互式体验、人-虚拟环境交互式体验和群体-虚拟环境交互式体验等几类。虚拟现实如图 7-1 所示。

图 7-1　虚拟现实

该角度强调用户与设备的交互体验，相比之下，非交互式体验中的用户更为被动，所体验内容均为提前规划好的，即便允许用户在一定程度上引导场景数据的调度，也仍没有实质性交互行为，如场景漫游等，用户几乎全程无事可做；而在人-虚拟环境交互式体验系统中，用户则可用诸如数据手套，数字手术刀等的设备与虚拟环境进行交互，如驾驶战斗机模拟器等，此时的用户可感知虚拟环境的变化，进而也就能产生在相应现实世界中可能产生的各种感受。

如果将该套系统网络化、多机化，使多个用户共享一套虚拟环境，便得到群体-虚拟环境交互式体验系统，如大型网络交互游戏等，此时的 VR 系统与真实世界无甚差异。

2. 根据系统功能角度分类

系统功能分为规划设计、展示娱乐、训练演练等几类。规划设计系统可用于新设施的实验验证，可大幅缩短研发时长，降低设计成本，提高设计效率，城市排水、社区规划等领域均可使用，如 VR 模拟给排水系统，可大幅减少原本需用于实验验证的经费；展示娱乐类系统适用于提供给用户逼真的观赏体验，如数字博物馆、大型 3D 交互式游戏、影视制作等，如 VR 技术早在 20 世纪 70 年代便被迪士尼用于拍摄特效电影；训练演练类系统则可应用于各种危险环境及一些难以获得操作对象或实操成本极高的领域，如外科手术训练、空间站维修训练等。

7.5.3　虚拟现实技术特征

1. 沉浸性

沉浸性是虚拟现实技术最主要的特征,就是让用户成为并感受到自己是计算机系统所创造环境中的一部分,虚拟现实技术的沉浸性取决于用户的感知系统,当使用者感知到虚拟世界的刺激时,包括触觉、味觉、嗅觉、运动感知等,便会产生思维共鸣,造成心理沉浸,感觉如同进入真实世界。

2. 交互性

交互性是指用户对模拟环境内物体的可操作程度和从环境得到反馈的自然程度,使用者进入虚拟空间,相应的技术让使用者跟环境产生相互作用,当使用者进行某种操作时,周围的环境也会做出某种反应。如使用者接触到虚拟空间中的物体,那么使用者手上应该能够感受到,若使用者对物体有所动作,物体的位置和状态也应改变。

3. 多感知性

多感知性表示计算机技术应该拥有很多感知方式,比如听觉、触觉、嗅觉等。理想的虚拟现实技术应该具有一切人所具有的感知功能。由于相关技术,特别是传感技术的限制,目前大多数虚拟现实技术所具有的感知功能仅限于视觉、听觉、触觉、运动等几种。

4. 构想性

构想性也称想象性,使用者在虚拟空间中,可以与周围物体进行互动,可以拓宽认知范围,创造客观世界不存在的场景或不可能发生的环境。构想可以理解为使用者进入虚拟空间,根据自己的感觉与认知能力吸收知识,发散拓宽思维,创立新的概念和环境。

5. 自主性

自主性是指虚拟环境中物体依据物理定律动作的程度。如当受到力的推动时,物体会向力的方向移动或翻倒或从桌面落到地面等。

7.5.4　虚拟现实关键技术

虚拟现实的关键技术主要包括以下几种。

1. 动态环境建模技术

虚拟环境的建立是 VR 系统的核心内容,目的是获取实际环境的三维数据,并根据应用的需要建立相应的虚拟环境模型。

2. 实时三维图形生成技术

三维图形的生成技术已经较为成熟,那么关键就是"实时"生成。为保证实时,至少保证图形的刷新频率不低于 15f/s,最好高于 30f/s。

3. 立体显示和传感器技术

虚拟现实的交互能力依赖于立体显示和传感器技术的发展,现有的设备不能满足需要,力学和触觉传感装置的研究也有待进一步深入,虚拟现实设备的跟踪精度和跟踪范围也有待提高。

4. 应用系统开发工具

虚拟现实应用的关键是寻找合适的场合和对象,选择适当的应用对象可以大幅度提高生产效率,减轻劳动强度,提高产品质量。要达到这一目的,则需要研究虚拟现实的开发工具。

5. 系统集成技术

由于 VR 系统中包括大量的感知信息和模型,因此系统集成技术起着至关重要的作用。系统集成技术包括信息的同步技术、模型的标定技术、数据转换技术、数据管理模型、识别与合成技术等。

7.5.5 虚拟现实技术应用

1. 在影视娱乐中的应用

近年来,由于虚拟现实技术在影视业的广泛应用,以虚拟现实技术为主而建立的第一现场 9DVR 体验馆得以实现。虚拟现实技术的应用如图 7-2 所示。

图 7-2　虚拟现实技术的应用

第一现场 9DVR 体验馆自建成以来,在影视娱乐市场中的影响力非常大,此体验馆可以让观影者体会到置身于真实场景之中的感觉,让体验者沉浸在影片所创造的虚拟环境之中。同时,随着虚拟现实技术的不断创新,此技术在游戏领域也得到了快速发展。虚拟现实技术是利用计算机产生的三维虚拟空间,而三维游戏刚好是建立在此技术之上的,三维游戏几乎包含了虚拟现实的全部技术,使得游戏在保持实时性和交互性的同时,也大幅提升了游戏的真实感。

2. 在教育中的应用

如今,虚拟现实技术已经成为促进教育发展的一种新型教育手段。传统的教育模式只是一味地给学生灌输知识,而现在利用虚拟现实技术可以帮助学生打造生动、逼真的学习环境,使学生通过真实感受来增强记忆,相比于被动性灌输,利用虚拟现实技术来进行自主学习更容易让学生接受,这种方式更容易激发学生的学习兴趣。此外,各大院校还利用虚拟现实技术建立了与学科相关的虚拟实验室来帮助学生更好地学习。

3. 在设计领域的应用

虚拟现实技术在设计领域小有成就,例如室内设计。人们可以利用虚拟现实技术把室内结构、房屋外形表现出来,使之变成可以看得见的物体和环境。同时,在设计初期,设计师可以将自己的想法通过虚拟现实技术模拟出来,可以在虚拟环境中预先看到室内的实际效果,这样既节省了时间,又降低了成本。

4. 虚拟现实在医学方面的应用

医学专家利用计算机,在虚拟空间中模拟出人体组织和器官,让学生在其中进行模拟操作,并且能让学生感受到手术刀切入人体肌肉组织、触碰到骨头的感觉,使学生能够更快地掌握手术要领。而且,主刀医生在手术前,也可以建立一个病人身体的虚拟模型,在虚拟空间中先进行一次手术预演,这样能够大大提高手术的成功率,让更多的病人得以痊愈。

5. 虚拟现实在军事方面的应用

由于虚拟现实具有立体感和真实感,在军事方面,人们将地图上的山川地貌、海洋湖泊等数据通过计算机进行编写,利用虚拟现实技术,能将原本平面的地图变成一幅三维立体的地形图,再通过全息技术将其投影出来,这更有助于进行军事演习等训练。

除此之外,现在的战争是信息化战争,战争机器都朝着自动化方向发展,无人机便是信息化战争的最典型产物。无人机由于它的自动化及便利性深受各国喜爱,在军事训练期间,可以利用虚拟现实技术去模拟无人机的飞行、射击等工作模式。战争期间,军人也可以通过眼镜、头盔等机器操控无人机进行侦察任务,减小战争中军人的伤亡率。由于虚拟现实技术能将无人机拍摄到的场景立体化,降低操作难度,提高侦查效率,所以无人机和虚拟现实技术的发展刻不容缓。

6. 虚拟现实在航空航天方面的应用

由于航空航天是一项耗资巨大,非常烦琐的工程,因此人们利用虚拟现实技术和计算机的统计模拟,在虚拟空间中重现了现实中的航天飞机与飞行环境,使飞行员在虚拟空间中进行飞行训练和实验操作,极大地降低了实验经费和实验的危险系数。

7.5.6 虚拟现实技术发展局限

虽然 VR 技术前景较为广阔,但作为一项高速发展的科技技术,其自身的问题也逐渐浮现,例如产品回报稳定性的问题、用户视觉体验问题等。对于 VR 企业而言,如何突破目前 VR 发展的瓶颈,让 VR 技术成为主流仍是亟待解决的问题。

部分用户使用 VR 设备会有眩晕、呕吐等不适之感,这也造成其体验不佳的问题。部分原因是其清晰度的不足,而另外一部分原因是刷新率无法满足要求。据研究显示,14k以上的分辨率才能基本使大脑认同,但就目前来看,国内所用的 VR 设备远不能满足"骗过"大脑的要求。不舒适感可能会让用户产生 VR 技术是否会对身体健康造成损害的担忧,这必将影响 VR 技术未来的发展与普及。

本 章 小 结

1. 多媒体技术（multimedia technology）是利用计算机对文本、图形、图像、声音、动画、视频等多种信息综合处理、建立逻辑关系和人机交互作用的技术。

2. 媒体分为感觉媒体、表示媒体、表现媒体、存储媒体、传输媒体 5 类。

3. 多媒体文件是指多媒体应用中可显示给用户的媒体形式。目前常见的媒体元素主要有文本、图形、图像、声音、动画和视频等。

4. 多媒体数据的处理技术有数据库中多媒体数据的处理技术和多媒体压缩技术等。

5. 存储多媒体主要有光盘、硬盘、USB 存储设备等 3 大类。

6. 虚拟现实是计算机模拟虚拟环境从而给人以环境沉浸感，虚拟现实具有沉浸性、交互性、多感知性、构想性、自主性等特点。

习　　题

1. 媒体有哪几类？

2. 多媒体由哪几部分组成？

3. 多媒体文件格式有哪几种？

4. 多媒体数据的压缩技术有哪几种？

5. 虚拟现实的技术特征有哪些？

第 **8** 章　信息与社会

　　党的二十大报告指出全面依法治国是国家治理的一场深刻革命,在习近平法治思想指导下,我国信息化领域法治建设取得历史性成就,信息化已深度融入人民群众生活和工作的各个方面。

　　信息是推动社会发展的关键因素,当今时代的快速发展离不开各种信息的支撑,作为一个刚迈入大学校门的大学生要了解并学好信息技术。

8.1　信息技术与应用

　　信息技术(information technology,IT)是采集、处理、传输和存储信息所采用技术的总称。信息技术主要是应用计算机科学和通信技术设计、开发、安装和实施信息系统及应用软件。随着信息技术应用的快速渗透,IT 系统已广泛部署应用在各行各业。

8.1.1　信息技术及其发展阶段

　　从古代到现代,人类一共经历了 5 个信息技术发展的阶段,每个阶段都对人类社会的发展产生了巨大的影响。

　　第一个阶段,语言的产生。这个阶段是从猿进化到人的标志,距今 35000~50000 年。语言成为人类进行思想交流和信息传播不可缺少的工具,使得信息在人脑中存储和加工,并利用声波进行传递。

　　第二个阶段,文字的出现和使用。文字出现在公元前 3500 年,人类通过在羊皮等物品上记录信息,极大地方便了信息的传递。

　　第三个阶段,造纸术和印刷术的发明。约在公元 1040 年,我国开始使用活字印刷术,书籍成为重要的信息储存和传播的媒体。

　　第四个阶段,电报、电话、电视等的发明和应用。1837 年美国人莫尔斯研制了世界上第一台有线电报机,如图 8-1 所示。1876 年 3 月 10 日,美国人贝尔发明了电话,1924 年英国人贝尔德发明了电视机。由此,人类进入了利用电磁波传播信息的时代。

　　第五个阶段,电子计算机和现代通信技术的应用。1946 年世界上第一台通用计算机"ENIAC"在美国诞生,如图 8-2 所示。20 世纪 60 年代,现代通信技术崭露头角,从此电子计算机与通信技术开始结合,信息的处理速度、传递速度惊人地提高,信息技术逐渐成熟。

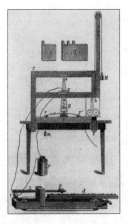

图 8-1　第一台电报机

图 8-2　第一台计算机 ENIAC

8.1.2　信息技术的应用

　　信息技术已应用于各行各业。例如,在日常学习生活方面,如查找资料、了解新闻、网上购物、网上娱乐、远程教育等,大大方便了人们的日常生活,使人们的学习内容更丰富。信息技术在通信服务方面的应用,如手机通话、发送短信、收发电子邮件、通过论坛发表看法、通过网络视频功能进行远程可视通话,使人们进行信息交流的手段越来越丰富。在科学技术方面,如通过计算机仿真技术模拟现实中可能出现的状况,便于验证各种科学的假设,以微电子技术为核心的信息技术,带动了空间开发、新能源开发、生物工程等一批尖端技术的发展,天文工作者将通过太空望远镜、人造卫星等收集的太空信息存入计算机系统,由计算机分析数据并描绘出星球模型、模拟其活动状态,使得千年难得一见的天文现象得以再现。

　　信息技术在各个领域被广泛应用并对其发展产生了巨大的推动作用,影响是深远的。

8.2　信息安全基础

8.2.1　信息安全概述

　　信息安全是指保护信息和信息系统不被内部或者外部因素中断、修改和破坏,为信息系统提供保密性、完整性和可用性。信息安全主要包括硬件、软件、系统、数据的安全。硬件安全,主要涉及硬件的稳定性、可靠性和可用性,在硬件运行当中不受环境因素和人为因素干扰,能够正常运行。软件安全,是从软件层面保护系统不被非法侵入,系统软件和应用软件不被非法复制、篡改,不受恶意软件侵害。数据安全,是指数据不被泄露和篡改。

　　信息安全包括真实性、保密性、完整性、可用性、不可抵赖性、可控制性和可审查性。

8.2.2 信息安全基本保障技术

信息安全基本保障技术包括加密技术、数字签名技术、访问控制技术、数据完整性技术和鉴别交换技术。

1. 加密技术

数据加密的基本过程,就是对原来为明文的文件或数据按某种算法进行处理,使其成为不可读的一段代码,通常称为"密文"。通过这样的途径,来达到保护数据不被非法窃取、阅读的目的。加密的逆过程为解密,即将该编码信息转换为其原始数据的过程。加密技术主要包括对称加密和非对称加密。对称加密又称共享密钥加密算法,是文件在加密和解密过程中使用相同的密钥,加密密钥也可用作解密密钥,如图 8-3 所示。常见的对称加密算法有 DES 算法、3DES 算法、TDEA 算法、Blowfish 算法、RC5 算法和 IDEA 算法等。

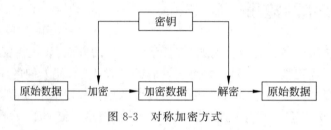

图 8-3 对称加密方式

非对称加密算法,又称为公开密钥加密算法,如图 8-4 所示。它需要两个密钥,一个称为公开密钥(public key),即公钥;另一个称为私有密钥(private key),即私钥。加密和解密过程使用的是不同的密钥,如果使用公钥对数据进行加密,只有用对应的私钥才能进行解密,但如果使用私钥对数据进行加密,则只有用对应的公钥才能进行解密。非对称加密算法中加密密钥一般是公之于众的,谁都能使用,而解密密钥只有解密人自己知道。常见的非对称加密算法有 RSA 算法、ElGamal 算法、背包算法、ECC(椭圆曲线加密算法)算法和 DSA 算法等。

图 8-4 非对称加密方式

2. 数字签名技术

数字签名类似现实中的纸质签字,利用密码运算生成电子密码进行签名,只有信息发送者才能产生别人无法伪造的"签名",同时这个"签名"也是对信息发送方身份的一种证明。数字签名技术常用在电子商务和电子政务中,它保证电子信息传输的完整性,确保交易者的身份认证,防止交易中的抵赖发生。

在电子商务中,数字签名的过程是这么实现的:将需要传送的明文转换成报文摘要,摘要通过发送方的私钥加密与明文一起发送,接收方通过发送方的公钥解密报文摘要,产生新的报文摘要,将新报文摘要与原报文摘要进行对比,如果结果一致,则表示明文来自期望的发送方而且未被改动;如果不一致,则说明明文不是来自期望方。数字签名的过程如图 8-5 所示。常见的数字签名技术有 Hash 签名、DSS 签名和 RSA 签名。

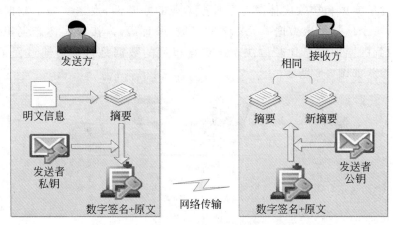

图 8-5　数字签名过程

3. 访问控制技术

访问控制技术是从物理和逻辑两个层面上通过某种手段准许或者限制外部访问的一种方法。通过限制对关键资源的访问,防止非法用户的侵入或因为合法用户的不慎操作而造成的破坏,从而保证计算机系统资源受控地、合法地使用。

访问控制涉及 3 个基本概念,即主体、客体和访问授权。主体,是一个主动的实体,它包括用户、用户组、终端、主机或一个应用。客体,是一个被动的实体,对客体的访问要受控。它可以是一个字节、字段、记录、程序、文件,或者是一个处理器、存储器、网络接点等。访问授权,指主体访问客体的允许,授权访问对每一对主体和客体来说是给定的。例如,访问授权有读写、执行,读写客体是直接进行的,而执行是搜索文件、执行文件。对用户的访问授权是由系统的安全策略决定的。

访问控制的常用技术有:入网访问控制、权限控制、目录级安全控制、属性安全控制和服务器安全控制。访问控制策略有:自主访问控制、强制访问控制和基于角色的访问控制。

4. 数据完整性技术

数据完整性是指数据的精确性和可靠性,它是为防止数据库中存在不符合语义规定的数据和防止因错误信息的输入输出造成无效操作或错误信息而提出的。

对于一个书面印刷的文件,通过修改其上面的文字或者数字来破坏其完整性是不容易的,例如涂抹文件上面的文字很容易被发现。相对于现实世界而言,存储在计算机中的数字信息的完整性受到破坏的风险就大大增加了。一个存储在计算机中的重要文本文件,可能被其他人恶意修改了其中一个重要的数字而未被发现就已转发,甚至可能整个文件都被替换而未被发现就已转发,后果可想而知。在网络传输中,完整性面临的风险就更大。这种风险有两种:一种是恶意攻击,另一种是偶尔的事故。恶意攻击者可以监听并截获你的信息包,然后修改或替换其中的信息,再发给接收方,这样能够不知不觉地达到其目的。

数据完整性技术包括两个方面,一是保障数据单元的完整性,二是保障数据单元序列的完整性。发送实体和接收实体决定了数据单元的完整性,发送实体给数据单元附加一个鉴别信息,这个信息是该数据单元本身的函数(验证码)。接收实体产生相应的鉴别信息,并与接收到的鉴别信息比较以决定该数据单元的数据是否在传输过程中被篡改过。数据完整性检验如图 8-6 所示。

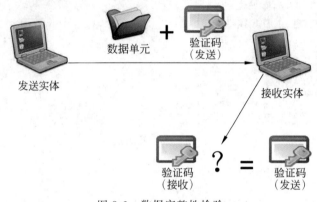

图 8-6　数据完整性检验

5. 鉴别交换技术

鉴别交换技术是指通过交换信息的方式来确定实体身份的技术。用于鉴别交换的方法主要有:

① 使用鉴别信息,如口令,由请求鉴别的实体发送,进行验证的实体接收。

② 使用密码技术,将交换的数据加密,只有合法用户才能解密,得出有意义的明文。在许多情况下,这种技术可与时间标记和同步时钟技术、双方或三方"握手"技术、数字签名和公证机构技术实现的不可否认服务同时使用。

③使用实体的特征或占有物,如指纹、身份卡等。

8.2.3　信息安全保障体系

信息安全保障体系是安全服务的基础,包括技术保障体系、管理保障体系、运维保障体系,如图 8-7 所示。

技术保障体系包括访问控制、系统完整性保护、系统与通信保护、物理与环境保护、检测与响应和备份与恢复。

管理保障体系包括组织机构、规章制度、人员安全和安全意识与培训。

运维保障体系包括流程和规范、安全分级、风险评估、阶段性工作计划、日常维护和应急计划与事件响应。

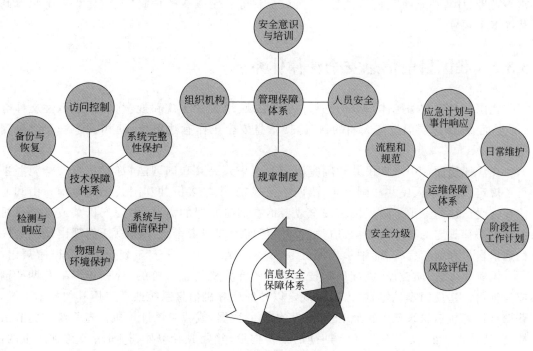

图 8-7　信息安全保障体系

8.3　信息安全法规与社会责任

8.3.1　信息安全法规概述

随着全球信息化和信息技术的不断发展,信息化应用不断推进,信息安全显得越来越重要,信息安全形势日趋严峻。一方面信息安全事件发生的频率大规模增加,另一方面信息安全事件造成的损失越来越大。另外,信息安全问题日趋多样化,客户需要解决的信息安全问题不断增多,解决这些问题所需要的信息安全手段不断增加。确保计算机信息系统和网络的安全,特别是国家重要基础设施信息系统的安全,已成为信息化建设过程中必须解决的重大问题。正是在这样的背景下,信息安全被提到了空前的高度。国家也从战略层次对信息安全的建设提出了指导要求。

信息安全法律法规泛指用于规范信息系统或与信息系统相关行为的法律法规。信息安全法律法规具有命令性、禁止性和强制性。命令性和禁止性要求法律关系主体应当从事一定行为的规范,其规定的行为规则的内容是确定的,不允许主体一方或双方任意改变或违反,具有强制性。如果不执行,就要受到一定的法律制裁。

中国信息协会信息安全专业委员会课题研究项目显示，目前我国现行法律法规及规章中，与信息安全直接相关的有 65 部，涉及网络与信息系统安全、信息内容安全、保密及密码管理、计算机病毒与危害性程序防治、金融等特定领域的信息安全、信息安全犯罪制裁等多个领域。

8.3.2　我国目前信息安全法律体系

我国信息安全法律体系分为法律、行政法规、地方性法规和规章，以及规范性文件等4 个层面，从法律层面规范人们的行为，使信息安全工作有法可依，使相关违法犯罪得到处罚。

在法律层面，《中华人民共和国宪法》和《中华人民共和国刑法》都对信息安全犯罪进行了规定。《中华人民共和国宪法》第四十条规定：中华人民共和国公民的通信自由和通信秘密受法律的保护。除因国家安全或者追查刑事犯罪的需要，由公安机关或者检察机关依照法律规定的程序对通信进行检查外，任何组织或者个人不得以任何理由侵犯公民的通信自由和通信秘密。《中华人民共和国刑法》第二百八十五条规定：违反国家规定，侵入国家事务、国防建设、尖端科学技术领域的计算机信息系统的，处三年以下有期徒刑或者拘役。违反国家规定，侵入前款规定以外的计算机信息系统或者采用其他技术手段，获取该计算机信息系统中存储、处理或者传输的数据，或者对该计算机信息系统实施非法控制，情节严重的，处三年以下有期徒刑或者拘役，并处或者单处罚金；情节特别严重的，处三年以上七年以下有期徒刑，并处罚金。

在行政法规层面，《计算机信息网络国际联网安全保护管理办法》规定，任何单位和个人不得从事下列危害计算机信息网络安全的活动：

（一）未经允许，进入计算机信息网络或者使用计算机信息网络资源的；

（二）未经允许，对计算机信息网络功能进行删除、修改或者增加的；

（三）未经允许，对计算机信息网络中存储、处理或者传输的数据和应用程序进行删除、修改或者增加的；

（四）故意制作、传播计算机病毒等破坏性程序的；

（五）其他危害计算机信息网络安全的。

在地方性法规和规章及规范性文件层面，如《北京市计算机信息系统病毒预防和控制管理办法》等均有保障信息安全相关规定。

目前，我国已建立基本的信息安全法律体系，但随着信息安全形势的发展，信息安全立法的任务还非常艰巨，许多相关法规还有待建立或完善。

8.3.3　信息安全道德规范与社会责任

信息安全道德规范是指公民在使用和开发计算机信息系统中，应当具备的道德意识和应当遵守的道德行为准则。

当代大学生应当具备的信息安全道德规范：

① 不利用计算机及计算机网络去伤害别人；

② 不干扰他人的计算机工作；

③ 不利用计算机进行偷窃；

④ 不利用计算机作伪证；

⑤ 不使用或复制没有付费的软件；

⑥ 不未经许可而使用他人的计算机资源；

⑦ 不盗用他人的信息成果。

作为一名大学生，在使用计算机和计算机网络时，还要严格遵守相关法律法规，承担该有的社会责任，做到两个方面。一不在网络上传播不良信息，包括不传播虚假错误报告，不宣传封建迷信，不发布违法广告，不浏览色情信息；二防止网络犯罪，包括不去窃取如外交、军事等国家秘密和经济、商业秘密；不去破坏系统软件，使合法用户的操作受到阻碍，不制造垃圾邮件和病毒。

8.4　计算机新技术

8.4.1　移动计算

移动计算(mobile computing)是以计算机和其他信息智能终端设备包括手机、手持PDA 等为主体，利用无线通信技术进行数据交互和处理，实现数据传输和资源共享的一种分布式计算技术。分布式计算是在处理需要耗费巨大的计算能力才能解决的问题时，将整体分成许多小的部分，然后把这些部分分配给许多计算机进行处理，最后将各个部分所得到的结果汇总成最终结果。

移动计算是随着计算机技术和通信技术的飞速发展，以及用户对网络应用的更高要求而产生的一种新的计算模型。它是分布式计算在移动通信环境中的不断扩展，在 4G技术和 5G 技术的应用下，移动计算在理论、技术、产品、应用、市场等方面取得了快速的发展，并已成为当前计算机技术的前沿领域。

移动计算已经融入我们生活的方方面面，从国防军事、航空航天、交通运输、能源化工、金融保险、教育科研、卫生保健、采矿制造等无处不在。士兵可以通过 GPS(全球定位系统)随时了解自己的战斗位置；雷达站可以将敌情通过信息共享数据链发送给任何一架正在执勤的战斗机；森林、海洋、天气及地震实时监测；酒店服务员使用掌上电脑方便地下菜单；手机用户可以随时随地通过手机将自己的照片发布到微博上；记者可以在新闻现场使用数字 DC、DV 做到即拍即发；超市的员工使用手持无线设备扫描磁条进行出入库或结账等。

8.4.2　云计算

云计算(cloud computing)是通过互联网按需提供计算能力、数据库存储、应用程序和其他 IT 资源,采用按使用量付费的定价模式。通俗地说,当需要喝水时,扭开水龙头,水就来了,只须交水费即可。当需要用一个软件时,不用跑去电脑城购买,打开应用商店下载使用,只须交钱购买使用权即可;当想看报纸时,不用跑去报亭,只要打开新闻类App,新闻唾手可得,只须为数据流量付费即可。云计算,就像在每个不同地区开设不同的自来水公司,没有地域限制,向世界每个角落提供"水"——硬件和软件服务。

云计算在我国受到非常高的重视,产业规模增长迅速,应用领域也在不断扩展,从民生到金融、交通、医疗、教育、制造业已经有很多典型应用,包括企业云、虚拟云桌面、云存储、游戏云、云杀毒等。随着云计算的不断发展,其应用范围也在不断拓展,将会出现更多的应用场景。

云计算主要有 5 大特点:超大规模、抽象化、高可靠性、通用性和高扩展性。

① 超大规模。大多数云计算中心都具有相当的规模,例如 Google 云计算中心已经拥有几百万台服务器,而 Amazon、IBM、微软、Yahoo 等企业所掌控的云计算规模也毫不逊色,并且云计算中心能通过整合和管理这些数目庞大的计算机集群来赋予用户前所未有的计算和存储能力。

② 抽象化。云计算支持用户在任意位置、使用各种终端获取应用服务,所请求的资源都来自"云",而不是固定的有形的实体。应用在"云"中某处运行,但实际上用户无须了解、也不用担心应用运行的具体位置,这样能有效地简化应用的使用。

③ 高可靠性。在这方面,云计算中心在软硬件层面采用了诸如数据多副本容错、心跳检测和计算节点同构可互换等措施来保障服务的高可靠性,还在设施层面上的能源、制冷和网络连接等方面采用了冗余设计来进一步确保服务的可靠性。

④ 通用性。云计算中心很少为特定的应用存在,但其有效支持业界大多数的主流应用,并且一个"云"可以支撑多个不同类型应用的同时运行,并保证这些服务的运行质量。

⑤ 高可扩展性。用户所使用"云"的资源可以根据其应用的需要进行调整和动态伸缩,并且再加上前面所提到的云计算中心本身的超大规模,使得"云"能有效地满足应用和用户大规模增长的需要。

8.4.3　大数据

2008 年 9 月,美国《自然》(*Nature*)杂志第一次提出"大数据"概念。2011 年 5 月,麦肯锡研究院发布的报告 *Big Date the Next Frontier for Innovation*,*Completion*,*and Productivity* 第一次给大数据作了定义:大数据是指大小超出了常规数据库工具获取、存储、管理和分析能力的数据集。通俗地讲,大数据就是"大"＋"数据"。大到什么程度——海量。数据过"大"的同时就会变得非常"复杂",量大且复杂就不是简单可以人工统计、计算、分析处理的,而需要相关技术处理,例如利用爬虫技术等获取海量数据,并通过其他渠道进行整合处理,最终得到人可以直观进行分析的信息。

大数据的处理方法包括数据采集、数据预处理、统计分析和数据挖掘。大数据的采集一般以智能硬件终端和传感器等为手段,采用多个数据库来接收终端数据,其中包括数据抓取、数据导入和传感采集。数据采集完进行数据预处理,包括数据清理、数据集成、数据交换和数据精简。这个阶段是将数据导入大型分布式数据库或者分布式存储集群当中，然后完成数据清洗和预处理工作。数据清理是将数据格式标准化，清理异常数据，纠正错误数据，清除重复数据；数据集成是将数据统一存放并建立数据库；数据交换是采用如规范化的方式将数据转换成数据挖掘所适应的格式；数据精简是将数据的规模缩减，最大化地精简数据。数据预处理完后进行统计分析，将数据进行普通分析和初步的分类汇总。最后进行数据挖掘，通过再分类、聚类、关联规则、预测模型来对数据进行分析，最终输出想要的结果，如图 8-8 所示。

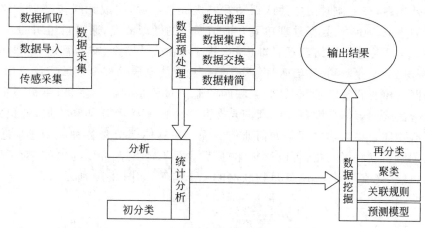

图 8-8　大数据技术处理流程

大数据主要有 4 大特点：大容量、多样性、快速性和价值性，如图 8-9 所示。

① 大容量。大数据的数据总量包括采集阶段、存储阶段和计算阶段的数据，这 3 个阶段的数据都非常大。大数据的起始计量单位至少是 PB(2^{20} GB)，或 EB(2^{30} GB)甚至 ZB(2^{40} GB)。

② 多样性。数据信息由原来的简单数值、字符和文本向网页、图片、视频、图像和位置信息等半结构化和非结构化的数据类型发展，并且有一个共同的特征，信息大多分布在不同的地理位置、不同的存储设备及不同的数据管理平台。这些数据来源多、类型复杂和关联性强。

图 8-9　大数据的主要特征

③ 快速性。一是数据产生得快，二是数据处理得快。有的数据是爆发式产生，例如，欧洲核子研究中心的大型强子对撞机在工作状态下每秒产生 PB 级的数据；大数据也有批处理（"静止数据"转换为"正使用数据"）和流处理（"动态数据"转换为"正使用数据"）两种模式，以实现快速的数据处理。

④ 价值性。大数据量大，所以数据价值密度相对较低。换句话说，就是"浪里淘沙却又弥足珍贵"。随着互联网及物联网的广泛应用，信息感知无处不在，信息海量，但价值密度较低，大数据就是通过相关技术来挖掘其中的数据价值。

8.4.4 物联网

物联网(internet of things)概念最早可追溯到 1990 年,随着互联网的普及和科技的发展,物联网在近年来备受关注,并成为一个新经济增长点的战略新兴产业。物联网是指物与物之间相连接,通过相关的协议实现物与物的通信和信息交换。物联网的前身是无线传感器网络,也就是传感网(sensor network)。传感网是将无线传感器的组成模块封装在一个外壳内,在工作时由电池或振动发电机提供电源,构成无线传感器网络节点,由随机分布的集成传感器、数据处理单元和通信模块的微型节点,通过自组织的方式构成的无线网络。无线传感器网络已经日渐成熟,并逐步在公共安全、交通管理、军事国防、环境保护、能源电力、工业监测、物流管理、医疗健康和智能家居等多个领域广泛应用。

物联网的核心和基础是互联网,互联网的通信对象是主机与主机,主机包括计算机、路由器和智能终端等信息设备。物联网是在互联网的基础上延伸和扩展,通信对象则发展成为所有物体。物与物之间是如何通信的呢?在物体上植入各种微型感应芯片,通过无线通信网络与互联网连接,可以让物体自己"说话",不仅人可以与物体"对话",物体与物体之间也能"交流"。传感网就是物联网的一个实例,如图 8-10 所示。

图 8-10 物与物之间通信

物物相联是物联网的终极目标。

8.4.5 智能系统

智能系统(intelligence system)是指该计算机系统具备人类行为与思想,能够自组织性与自适应性地运行,模拟人类的感觉、思维和行为,使得计算机具备"人的能力"。智能是人类区别于其他物种的高级性的体现,直接表现为主动学习、思维与推理的能力、解决问题的能力和应用知识的能力。

智能系统在当今社会有很多应用实例,如智能家居、智能安防、无人驾驶汽车等,它们给很多传统行业带来了新的生机,为我们的生活带来越来越多的便利。就智能家居而言,它是通过物联网技术将家中的各种设备(如音视频设备、照明系统、窗帘控制、空调控制、安防系统、数字影院系统、影音服务器、影柜系统、网络家电等)连接到一起,提供家电控制、照明控制、电话远程控制、室内外遥控、防盗报警、环境监测、暖通控制、红外转发,以及可编程定时控制等多种功能和手段。与普通家居相比,智能家居不仅具有传统的居住功能,还具有建筑、网络通信、信息家电、设备自动化,提供全方位的信息交互功能,甚至可节约各种能源费用。

本 章 小 结

1. 信息技术是用于采集、处理、传输和存储信息所采用技术的总称。

2. 人类一共经历了 5 个信息技术发展的阶段:语言的产生;文字的出现和使用;造纸术和印刷术的发明;电报、电话、电视等的发明和应用;电子计算机和现代通信技术的应用。

3. 信息技术在各个领域被广泛应用并对其发展产生了巨大的推动作用,影响深远。

4. 信息安全是指保护信息和信息系统不被内部或者外部因素中断、修改和破坏,为信息系统提供保密性、完整性和可用性。

5. 信息安全基本保障技术包括加密技术、数字签名技术、访问控制技术、数据完整性技术和鉴别交换技术。

6. 信息安全保障体系是安全服务的基础,包括技术保障体系、运维保障体系和管理保障体系。

7. 我国信息安全法律体系从法律、行政法规、地方性法规和规章,以及规范性文件 4 个层面规范人们的行为,使信息安全工作有法可依,使相关违法犯罪得到处罚。

8. 近年来,涌现出了很多计算机新技术,如移动计算、云计算、大数据、物联网、智能系统等。

习　　题

1. 信息技术是什么?有哪些应用?

2. 什么是信息安全?信息安全有哪些保障技术?

3. 什么是对称加密技术?常见的对称加密算法有哪些?

4. 什么是非对称加密技术?常见的非对称加密算法有哪些?

5. 什么是数字签名技术?常见的数字签名技术有哪些?

6. 常用的访问控制技术有哪些?

7. 数据完整性技术包括哪些方面?

8. 简述信息安全保障体系。

9. 我国信息安全方面的主要法律法规有哪些?

10. 云计算有哪些特点?

11. 大数据技术的处理流程是什么?有哪些特征?

第 9 章　Office 2019

二十大报告提出,要坚持教育优先发展、科技自立自强、人才引领驱动,加快建设教育强国、科技强国、人才强国,坚持为党育人、为国育才,全面提高人才自主培养质量,着力造就拔尖创新人才,聚天下英才而用之。在日常工作中我们用的最多就是办公软件。

Office 是微软的一个庞大的办公软件集合,其中包括了 Word、Excel、PowerPoint、OneNote、Outlook、Skype、Project、Visio 以及 Publisher 等组件和服务,通常用年份表示版本,版本越高,功能越强。

本书以 Office 初学者的需求为立足点,通过大量详尽的操作解析,帮助读者直观、迅速地掌握 Word、Excel、PowerPoint 三大核心组件的知识和操作,并能在实际工作中灵活应用。

9.1　Office 2019 功能介绍

Office 2019 只支持 Windows 10 系统,接下来看一看 Office 2019 到底有哪些新变化。

① Office 2019 新增了标签动画。当单击一个 Ribbon 面板时,Office 会自动弹出一个动画特效,类似于窗口的淡入与淡出效果。

② Office 2019 的 Excel 中增加了许多新函数,如 IFS(多条件判断)、CONCAT(多列合并)、TEXTJOIN(多区域合并)等。

③ Office 2019 增加了在线图标插入功能,分为"人物""技术与电子""通信""商业""分析""商贸""教育"等数十类。

④ Office 2019 的 Word 文档中,"视图"功能模块下新增了一项沉浸式学习工具模块,用于调整页面色彩、文字间距等使得文档更易读。

⑤ Office 2019 中还新增了"多显示器显示优化"功能。当使用两个显示器的时候,能够避免同一文档在不同显示器上出现显示效果出错的问题。

9.2　文字处理软件 Word 2019

9.2.1　Word 2019 概述

Word 是微软公司办公软件集合中的一个用于文字处理的组件,通常用于日常的文字处理工作,例如通知、报告、个人简历和商业合同等,具有以下基本功能。

① 创建、编辑和格式化文档:对文字进行复制、剪切、删除、查找和替换等操作,也可以对文字段落格式进行设置。

② 表格处理:提供了丰富的表格功能,如建立、编辑、格式化表格和对表格中的数据进行计算,还可以将表格转化为图表。

③ 图形处理:可以方便地插入、编辑及制作图形,实现图文混排。

④ 版式设计和打印:文档编辑好后,可以对其进行页面设置、页眉/页脚设置,以及打印文档。

9.2.2 Word 2019 新增功能

Word 2019 增加了许多功能,如翻译和学习工具等。

1. 翻译
单击"审阅"菜单下的"翻译",在下拉列表中选择"翻译所选内容",即可在 Word 右侧打开如图 9-1 所示的窗口。当使用鼠标在文本区选择任意文档内容时,相应的"源语言"区域便会出现相同内容,而"目标语言"区域则会出现翻译后的内容,单击下方的"插入"按钮,Word 就会将原文直接替换为译文。

2. 学习工具
单击"视图"菜单后,可以看到新增了一个"学习工具"按钮(图 9-2),类似于浏览器的网页阅读模式,从而加强了文档的可读性。

列宽:文字内容占整体版面的范围,可以在"很窄""窄""适中"和"宽"4 个幅度之间进行调整。

页面颜色:文档的背景颜色,可更改为褐色或反转为黑底白字,相当于开启了夜间模式。

文字间距:可通过单击向右或向左箭头,调整字与字之间的距离。

朗读:开启"语音朗读"功能,使得用户不用眼睛看,也能阅读文档。

3. 添加视觉效果
在"插入"菜单下新增了图标库和 3D 图像,可以为文档添加视觉趣味。

单击"图标"按钮,打开如图 9-3 所示的"插入图标"对话框,插入一个图标后,还可以更改它的颜色,应用各种效果,并根据自己的需求对其进行调整。

单击"3D 模型"按钮,可以将计算机中已有的三维模型插至文档的相应位置。

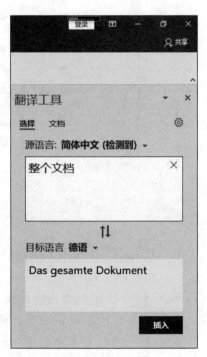

图 9-1　翻译工具

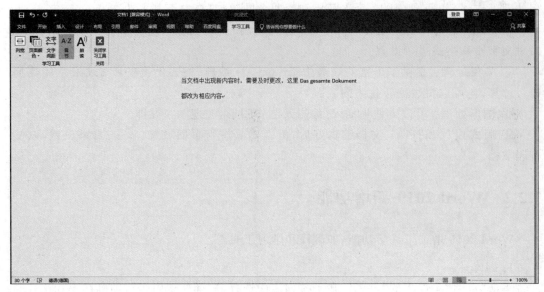

图 9-2　学习工具

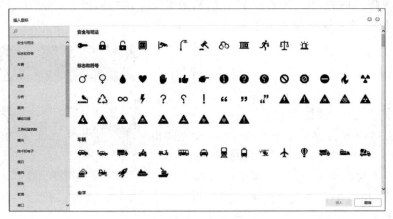

图 9-3　插入图标

9.2.3　Word 2019 的启动与退出

启动 Word 2019 的常用方法如下：

① 双击桌面上的 Word 2019 快捷图标。

② 单击"开始"→"所有程序"→Microsoft Office 2019→Microsoft Word 2019。

③ 在桌面空白处右击，在弹出的快捷菜单中选择"新建"，找到"Microsoft Word 文档"并打开。

退出 Word 2019 的常用方法如下：

① 在打开的 Word 文档中选择"文件"选项卡，单击"关闭"命令。

② 单击窗口右上角的关闭按钮。

③ 按组合键 Alt＋F4。

9.2.4　Word 2019 工作界面

启动 Word 2019 后,出现如图 9-4 所示的窗口,该窗口主要包括标题栏、快速访问工具栏、功能选项卡、功能区、导航窗格、文档编辑区、状态栏等,如图 9-4 所示。

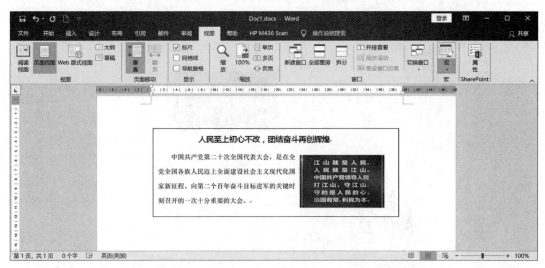

图 9-4　Word 2019 窗口

① 标题栏:位于窗口顶端,用于显示当前正在运行的程序名及文件名等信息,新建的空白文档的文件名默认为"文档 1-Word"。

② 快速访问工具栏:位于标题栏的左侧,包含最常用操作的快捷按钮,方便用户使用。默认状态下,快速访问工具栏只显示"保存""撤销""恢复"和"新建空白文档"这 4 个快捷按钮;用户也可单击右边的下拉按钮,添加其他的常用命令。

③ 功能选项卡:简称选项卡。常见的选项卡有"文件""开始""插入""设计""布局""引用""邮件""审阅""视图"9 项,单击某选项卡,在它的下方会出现相应的功能区;一些特殊的选项卡需要相应的操作才能出现,如选中某个图片或图形,便自动在选项卡右侧添加了一个新的选项卡"格式",该选项卡被称为"加载项",如图 9-5 所示。

④功能区:功能区相当于每个选项卡的分支,它显示了当前选项卡下的各个功能组。单击功能区右下角的"功能区最小化"按钮▲或按组合键 Ctrl＋F1 可以将功能区隐藏或显示。

⑤ 导航窗格:选择"视图"选项卡下的"导航窗格"复选框,便可打开"导航窗格"窗口,其中主要显示文档标题级文字,以方便用户快速查看文档,单击相应的标题,便可跳转到相应的位置,如图 9-6 所示。

⑥ 文档编辑区:位于窗口中间的空白区,在这个区域可以进行输入和编辑文本、添

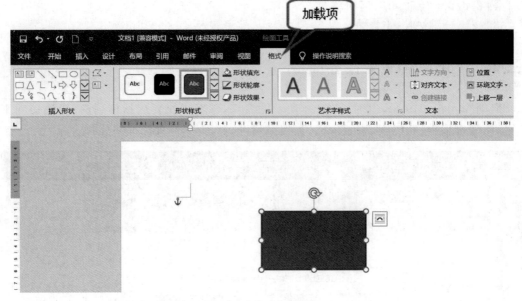

图 9-5 "格式"选项卡

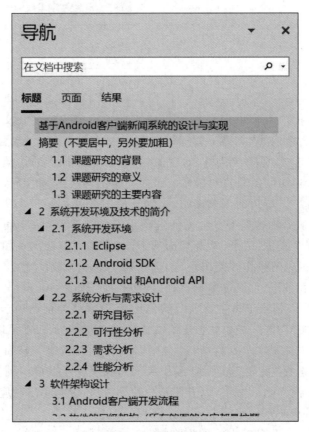

图 9-6 导航窗格

加图片等各种操作。文本区中有一个闪烁的光标,该光标所在位置为插入点,用户可在相应位置进行插入操作。文本区的右侧和下侧分别是垂直和水平滚动条(在当前窗口无法全部显示文字时自动出现),如图 9-7 所示。

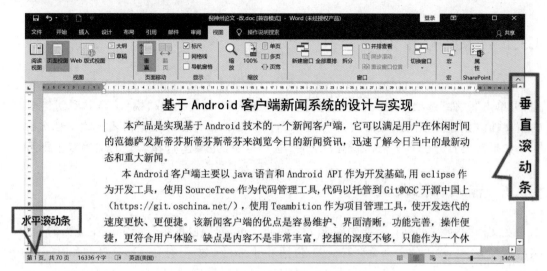

图 9-7　垂直和水平滚动条

⑦ 状态栏:位于窗口的最底端,显示文档的当前信息。左侧显示当前页数/总页数、字数等,右侧是视图方式按钮和显示比例。

9.2.5　视图

Word 2019 为用户提供了 5 种视图模式,分别是页面视图、阅读视图、Web 版式视图、大纲视图、草稿。通过"视图"选项卡中的"视图"区域可切换相应的视图模式。

① 页面视图。页面视图显示的文档与打印出来的结果几乎一样,也就是"所见即所得",文档中的页眉、页脚、分栏等显示在打印的实际位置。

② 阅读视图。阅读视图模式的最大特点是便于用户阅读文档。它模拟书本阅读的方式,让人感觉在翻阅书籍。看书的感觉氛围是最好的,这也是阅读视图名字的由来。

③ Web 版式视图。Web 版式视图一般用于创建 Web 页,它能够模拟 Web 浏览器显示文档。在 Web 版式视图下,本文将以适应窗口的大小自动换行,也就是到窗口的边自动换行。

④ 大纲视图。大纲视图经常查看文档的结构。切换到大纲视图后,屏幕上会显示"大纲"选项卡,通过选项卡中的命令可以选择仅查看文档的标题、升降各标题的级别。

⑤ 草稿。草稿视图可以完成大多数的录入和编辑工作,也可以设置字符和段落的格式,但是只能将多栏显示为单栏格式(分栏看不到),页眉、页脚、页号、页边距等显示不出来。页与页之间用一条虚线表示分页符。

9.3　Word 2019 基本操作

9.3.1　创建、打开文档

Word 在启动时会自动创建一个新的空白文档。若在已打开的文档下创建一个新文档,可单击"文件"选项卡中的"新建"命令,通过选择"空白文档"或"模板"等类型创建相应的新文档。创建文档时默认命名为"文档1",用户可以在存盘时根据需要更改文档名称。

如果需要打开已有文档,则单击"文件"选项卡中的 打开,选择需要的文档双击即可。

9.3.2　输入和修改文本

在文档中输入文字时,需要先确定文字的插入点,使用鼠标将光标定位在适当的位置,然后输入文字。输入的文本类型有很多,包括字母、汉字、数字、符号、公式、日期和时间等。

1. 输入字母、汉字

在英文输入法状态下,可通过键盘直接输入英文字母;如果需要输入汉字,则需要切换输入法,可通过组合键 Ctrl＋Shift 进行不同输入法的切换,也可以直接按 Ctrl＋空格键进行中英文的切换。

2. 输入数字

若输入普通数字时,直接按键盘上的数字键即可;若输入的是其他格式的数字,可选择"插入"选项卡下的"编号"按钮,打开"编号"对话框,选择相应的数字格式,如图9-8所示。

3. 输入符号

选择"插入"选项卡下的"符号"功能区,单击"其他符号"按钮,在弹出的选项中选择需要的符号,或者单击"其他符号",打开"符号"对话框,选择更多的符号,如图9-9所示。

图 9-8　"编号"对话框

4. 输入公式

选择"插入"选项卡下的"符号"功能区,单击"公式"命令右下角的按钮,可在弹出的列表中选择"内置"公式或"插入新公式"。另外,也可通过"墨迹公式"快速在编辑区域手写输入数学公式。

5. 输入日期和时间

在 Word 2019 中可以直接在文档内插入当前系统的日期和时间。通过"插入"选项卡下的"文本"功能区,选择"日期和时间"按钮,在打开的对话框中可任意选择需要的格式。

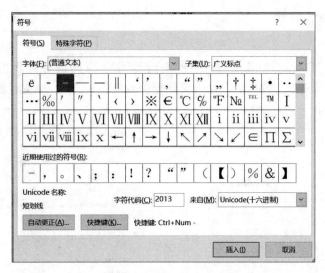

图 9-9 "符号"对话框

9.3.3 保存文本

文档编辑完成后,选择"文件"选项卡中的"保存"命令即可保存文档,或直接单击"快速访问工具栏"中的 ⊞ 按钮进行保存,Word 2019 的扩展名为.docx。

9.4 Word 2019 版式设计

文档编辑完成后,为了使打印效果更佳,需要对文档的文字、段落和页面等进行格式设置。

9.4.1 字体格式

对字体进行格式设置之前,需要选中设置格式的文字,然后在"开始"选项卡的"字体"功能区中选择相应的按钮;或单击"字体"功能区右下角的箭头 ⊡,打开如图 9-10 所示的"字体"对话框,在其中可进行文字格式的各项设置。

1. 字体设置

字体设置选项中主要包括字体、字形、字号、颜色等。字体分汉字字体和英文字体,分别在"中文字体"和"西文字体"列表中进行相应的设置;字形列表中可以设置字形为常规、加粗、倾斜等;字号列表中定义了文字的大小,默认是五号字,可以根据具体要求放大或缩小文字;字体颜色列表中可以为文字设置各种颜色;下画线列表中可以选择下画线的类型,如图 9-10 所示。

设置字体后,可以在对话框下面的"预览"中观察效果,调整结束后单击"确定"按钮,即可完成字体格式的设置。

2. 高级设置

在字体设置过程中,有时需要对字符间距进行调整,此时需要打开"字体"对话框,选择"高级"选项卡,如图 9-11 所示,可根据需要选择缩放字符的比例、加宽和紧缩字符间距等。

图 9-10 "字体"对话框

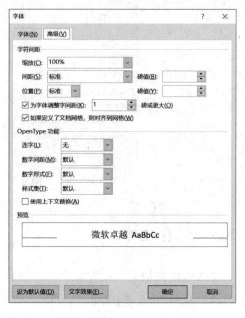

图 9-11 字体的高级设置

9.4.2 段落格式

在 Word 中,每按一次 Enter 键便产生一个段落标记符。段落是指以段落标记符作为结束的一段文本或一个对象,它可以是一空行、一个字、一句话等。

设置段落格式的方法有两种:一种方法是在"开始"选项卡的"段落"功能区中单击相应的按钮进行设置;另一种方法是单击"开始"选项卡的"段落"功能区右下角的 按钮,打开如图 9-12 所示的"段落"对话框进行设置。

1. 对齐方式

Word 段落的对齐方式有 5 种:左对齐、右对齐、居中对齐、两端对齐和分散对齐。

2. 缩进

段落缩进的方式共有 4 种,分别是首行缩进、悬

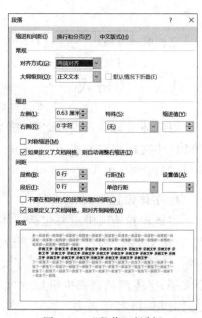

图 9-12 "段落"对话框

大学计算机基础

挂缩进、左缩进和右缩进。其中,首行缩进和悬挂缩进控制段落的首行和其他行的相对起始位置,左缩进和右缩进则用于控制段落的左、右边界,即段落的左(右)端与页面左(右)边距之间的距离。

3.间距

段落中的间距有两种:段间距和行间距。段间距是指段与段之间的距离,分段前间距和段后间距,指的是选定段落与前(后)一段之间的距离;行间距指的是各行之间的距离,包括单倍行距、1.5倍行距、2倍行距、多倍行距、最小值和固定值。

9.4.3　项目符号和编号

在编辑文档的过程中,有时为了让文本内容更具条理性和可读性,往往需要给文本内容添加项目符号或编号。项目符号和编号的区别在于,项目符号是一组相同的特殊符号,而编号是一组连续的数字或字母。

添加项目符号或编号,可以在"开始"选项卡的"段落"功能区中单击"项目符号"或"编号"右下角的三角按钮,在下拉列表中选择添加相应的符号。

9.4.4　边框和底纹

有时为了修饰文档,需要为文档中的某些文字加上边框或底纹,从而使文档更加美观。

1.添加边框

选定文字或段落,在"开始"选项卡的"段落"功能区中单击"边框"命令的右下三角按钮，在下拉列表中选择"边框和底纹"命令,打开如图 9-13 所示的"边框和底纹"对话

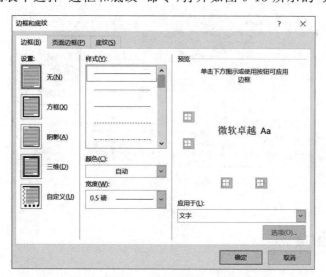

图 9-13　"边框和底纹"对话框

框。在"边框"选项卡中设置边框的类型、样式、颜色等,并可利用"预览"查看效果。在"应用于"下拉列表中选择适当的范围(文字或段落),最后单击"确定"按钮。

2. 添加底纹

在"边框和底纹"对话框中,选择"底纹"选项卡,可以为选定的文本设置底纹、填充图案、填充颜色等。

3. 添加页面边框

设置页面边框的过程类似于添加文字边框,不同的是,页面边框的设置对象是整个文档的所在页面,在设置之前不需要选中任何对象,可直接在"边框和底纹"对话框中选择"页面边框"选项卡进行设置。

9.4.5　分栏

报纸和杂志在进行排版时,经常需要对文章内容进行分栏处理。Word 2019 提供了分栏功能,可以很方便地将文档分成多栏。设置分栏的操作步骤如下:首先选定需要进行分栏的文本,然后选择"布局"选项卡中的"页面设置"功能区,单击"栏"下拉列表框中的"更多栏"命令,打开如图 9-14 所示的"栏"对话框,在其中设置具体的分栏数、栏间距、分隔线等,设置完成后,单击"确定"按钮。

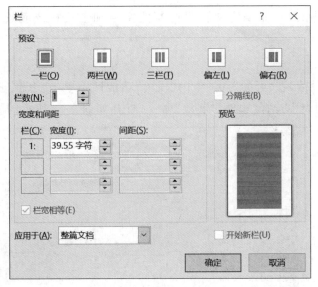

图 9-14　"栏"对话框

9.4.6　页眉和页脚

页眉和页脚是指每页文档顶部或底部的文字或图形,用来显示文档的附加信息,如页码、书名、章节名、作者名、时间和日期等。

1. 插入页眉或页脚

选择"插入"选项卡中的"页眉和页脚"功能区，在"页眉/页脚"下拉列表中选择一种内置模板，或单击"编辑页眉/页脚"命令，即可设置相应的页眉/页脚。

2. 编辑页眉或页脚

进入"页眉/页脚"编辑状态后，在页眉/页脚编辑区中输入相应的内容，同时 Word 2019 也会自动添加（页眉/页脚的）"设计"选项卡，如图 9-15 所示。在其中可对页眉/页脚进行相应设置，如设置首页不同、奇偶页不同、插入日期和时间、插入图片、页眉/页脚顶端距离等。

图 9-15　页眉/页脚的"设计"选项卡

如果需要退出页眉/页脚的编辑状态，直接关闭"关闭页眉和页脚"按钮，或直接双击文档的编辑区域退出页眉/页脚的编辑状态。

9.5　Word 2019 图文混排

在编辑文档的过程中，添加一些图片或艺术字，可以使得文档更加美观、详细。Word 2019 提供了大量的图片和艺术字，并且支持多种绘图软件创建的图形，可以很容易地实现图文混排功能。

9.5.1　插入图片

向文档中插入的图片可以是联机图片，也可以是利用其他图形绘制软件制作的以文件形式保存的图形。

① 插入联机图片。

Word 2019 提供了联机图片功能，通过该功能可以从各种联机来源中查找和插入图片，具体操作方法如下：

首先将光标定位至插入点，然后选择"插入"选项卡中的"插图"功能区，单击"联机图片"按钮，打开如图 9-16 所示的"联机图片"对话框。在搜索栏中输入关键字，如人、树、车等，单击"搜索"按钮，下方便会显示与关键字相关的图片，这个功能类似于 Word 2010 中的插入剪贴画功能。

② 插入图片文件。

定位光标至插入点，选择"插入"选项卡中的"插图"功能区，单击"图片"按钮，打开如

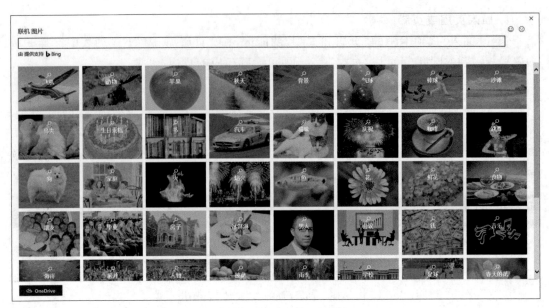

图 9-16　"联机图片"对话框

图 9-17 所示的"插入图片"对话框。指定要插入图片的位置与名称后,单击"插入"按钮即可将图片插到文档中。

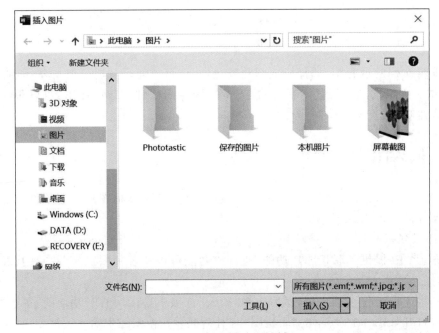

图 9-17　"插入图片"对话框

大学计算机基础

9.5.2　绘制自选图形

定位光标至插入点,选择"插入"选项卡中的"插图"功能区,单击"形状"命令,即可打开如图 9-18 所示的形状面板。选择一种图形后,在文档中拖动鼠标即可画出所选图形,如图 9-19 所示的"心形"自选图形。

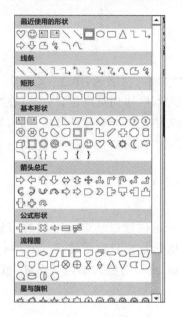

图 9-18　形状面板　　　　　　　图 9-19　"心形"自选图形

9.5.3　插入艺术字

在一些文档中经常可以看到标题或某些标语被编辑成各种类型的艺术字,这样设置既美观,又醒目。

插入艺术字的方法通常有两种:一种是先输入文字,然后将该文字应用为艺术字样式;另一种是先选择艺术字样式,然后再输入需要的文字。不管哪种方法,都是在"插入"选项卡的"文本"功能区中单击"艺术字"按钮,在打开的下拉列表中选择相应的艺术字样式(图 9-20)。

9.5.4　插入文本框

在 Word 中,录入的文字、图形或表格等都是按照录入的先后顺序显示在页面上的,有时为了某种效果,需要将一些文字放在指定位置,这时就需要使用文本框。文本框就像一个容器,可以置于页面任意位置,并可随意调整其大小。

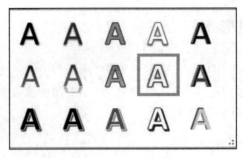

图 9-20　艺术字样式

定位光标至插入点后,选择"插入"选项卡中的"文本"功能区,单击"文本框"按钮,在"内置"面板上直接单击合适的文本框类型,便可将文本框插到指定位置;也可在"内置"面板上单击"绘制文本框"或"绘制竖排文本",接着在文档编辑区中拖动鼠标,插入横排或竖排的空白文本框。

9.5.5　插入 SmartArt 图形

SmartArt 图形是信息和观点的视觉表示形式。可以通过从多种不同的布局中进行选择来创建 SmartArt 图形,从而快速、轻松、有效地传达信息。创建 SmartArt 图形时,系统将提示用户选择一种 SmartArt 图形类型,例如"流程""层次结构""循环"或"关系",每种类型又包含几个不同的布局。

9.5.6　图片格式选项卡

当在文档中插入图片或文本框后,选中该对象,在选项卡的右端会出现新的加载项。"图片工具-格式"选项卡如图 9-21 所示。

图 9-21　"图片工具-格式"选项卡

其中,"图片样式"功能区可以将图片设置为系统提供的各种样式,或者单击"图片样式"功能区的右下角按钮,文档窗口的右侧会出现"设置文本效果格式"窗口,在其中根据需要进行相关设置;"大小"功能区可以对图片的大小进行裁剪及调整,单击功能区右下角的按钮,可打开如图 9-22 所示的"布局"对话框,在其中不仅可以设置图片的大小,还可以设置其位置及其在文档中的环绕方式。

图 9-22 "布局"对话框

9.6 Word 2019 表格处理

编辑文档时,有时需要将所描述的信息以表格的形式简明扼要地表现出来。

9.6.1 表格的创建

表格由行和列组成,行和列交叉形成的方框称为单元格。创建表格的方法一般有 4 种,下面逐一介绍。

① 拖动区域建立表格。

将光标定位后,选择"插入"选项卡中的"表格"功能区,单击"表格"按钮,打开如图 9-23 所示的"表格"下拉列表,在插入表格下方的区域内用鼠标拖动设置表格的行和列,然后单击鼠标左键。若指定的行和列数超过了区域范围,则选用第二种方法。

② "插入表格"对话框。

在如图 9-23 所示的列表中单击"插入表格",打开如图 9-24 所示的"插入表格"对话框,从中设置表格的行数和列数,最后单击"确定"按钮。

图 9-23　插入表格

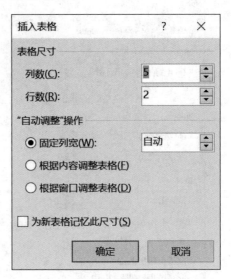

图 9-24　"插入表格"对话框

③ 绘制表格。

若要生成不规则的表格,则单击图 9-23 中的"绘制表格",当光标转换成笔的形状时,按住鼠标左键就可以画出任意表格。

④ 由文本转换生成表格。

将文本中的一段对应表格中的一行,用分隔符把文本中对应的每个单元格内容分隔开,分隔符可以是段落标记符、逗号、空格、制表符等。选择需要转换的文本,然后单击"文本转换成表格",在打开的"将文字转换成表格"对话框中进行相应的设置。

⑤ Excel 电子表格。

单击图 9-23 中的"Excel 电子表格",还可以在 Word 中插入 Excel 格式的表格,如图 9-25 所示。

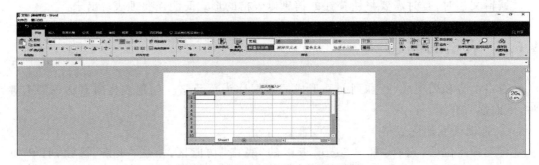

图 9-25　"Excel 电子表格"对话框

　大学计算机基础

9.6.2 表格的编辑

1. 调整行高和列宽

表格创建完成后,有时需要根据内容需求调整表格的行高和列宽,具体有以下两种方法。

第一种方法:用鼠标在表格线上拖动。移动鼠标指针到要改变高度的行线上或要改变宽度的列线上,当指针变成双向箭头标志时,按住鼠标左键拖动行线或列线,直至行高或列高达到要求后,释放鼠标左键。

第二种方法:使用"表格属性"调整。首先选中需要调整行高或列宽的单元格,然后单击鼠标右键,选择"表格属性"命令,打开如图 9-26 所示的"表格属性"对话框,选择相应的选项卡(行/列/单元格)进行设置。

图 9-26 "表格属性"对话框

2. 插入和删除行和列

使用鼠标单击表格任意位置后,便激活了"表格工具-布局"选项卡,在"行和列"功能区中可以完成表格的插入和删除等操作。

3. 合并和拆分单元格

根据绘制表格的需求,可以将一个单元格拆分成多个单元格,或将多个单元格合并成

一个单元格,具体方法如下:

合并单元格时,先选定待合并的多个单元格,此时便激活了"表格工具-布局"选项卡,在"合并"功能区中选择"合并单元格"按钮便可将多个单元格合并成一个单元格;同理,拆分单元格时,先选定待拆分的单元格,然后选择"表格工具-布局"选项卡的"合并"功能区,单击"拆分单元格"命令,在弹出的对话框中设置需要拆分的行和列数便可实现拆分。

9.6.3　表格的格式设置

创建表格完成后,还需要对表格进行格式化。先选定表格,激活"表格工具-设计"和"表格工具-布局"选项卡,"表格工具-布局"选项卡主要用于调整表格的结构,"表格工具-设计"选项卡可用于调整表格格式,如可以设置单元格的对齐方式、边框和底纹、表格样式等。

9.6.4　表格的排序和计算

1. 排序

将光标定位在表格相应位置后,在激活的"表格工具-布局"选项卡中单击"数据"功能区中的"排序"按钮,即可打开如图 9-27 所示的"排序"对话框,在其中可设置关键字及排序方式,并可实现降序或升序排序。

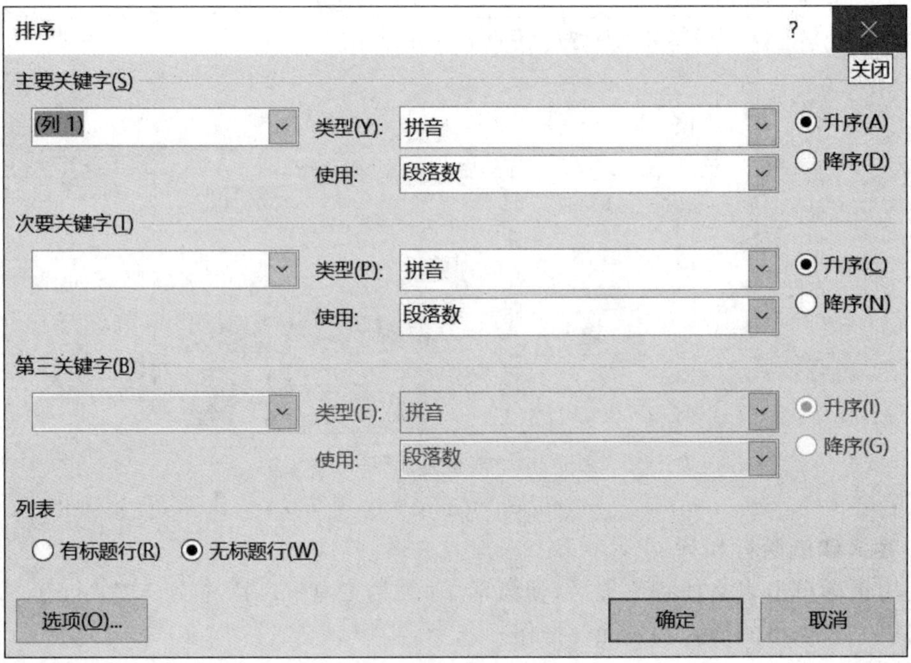

图 9-27　"排序"对话框

2. 计算

利用 Word 提供的函数可以实现表格的计算功能。选择"表格工具-布局"选项卡中的"数据"功能区，单击"公式"按钮，打开如图 9-28 所示的"公式"对话框，"粘贴函数"列表中所选择的函数会出现在"公式"栏中，在这里进行相应的设置。

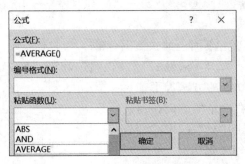

图 9-28 "公式"对话框

9.7 电子表格软件 Excel 2019

Excel 2019 是 Office 2019 系列办公软件中的电子表格软件，它具有较强的数据综合管理与分析处理功能，并能制作各种形式的统计图表，被广泛应用于管理、统计、金融和财经等领域。

作为 Office 2019 的重要组件之一，Excel 2019 主要用于电子表格处理，其主要功能如下。

① 制作数据表格。在 Excel 2019 中可以制作出数据表格，精确有效地以行和列的形式存储。

② 绘制图形。在 Excel 2019 中可以使用绘图工具创建各种样式的图形，使工作表更加生动、美观。

③ 制作图表。在 Excel 2019 中使用图表工具，可以根据表格数据创建图表，直观地表达数据意义。

④ 自动化处理。在 Excel 2019 中可以通过宏功能进行自动化处理，只单击鼠标即可实现。

⑤ 使用外部数据库。Excel 2019 能通过访问不同类型的外部数据库，增强软件的数据处理功能。

⑥ 分析数据。Excel 2019 具备超强的数据分析功能，可以创建预算，分析调查结果和财务数据。

9.7.1 Excel 2019 的启动与退出

启动 Excel 2019 的方法有很多,常用的方法有以下 3 种。

① 通过"开始"菜单启动。选择"开始"→"所有程序"→Microsoft Office →Microsoft Office Excel 2019。

② 利用快捷方式。双击桌面上的快捷图标■。

③ 通过文件名启动。打开 Excel 2019 文档文件,Excel 2019 会自动启动。

常用的退出 Excel 2019 的方法如下。

① 单击 Excel 窗口右上角的关闭按钮。

② 选择"文件"选项卡中的"关闭"命令。

③ 通过组合键 Alt+F4 退出。

9.7.2 Excel 2019 的工作界面

初次打开 Excel 2019,可以看到 Excel 2019 的工作界面主要由快速访问工具栏、标题栏、功能区、名称框、数据编辑区、状态栏、视图栏等组成,如图 9-29 所示。

图 9-29　Excel 2019 的工作界面

(1) 标题栏:用来显示使用的程序窗口名和工作簿文件的标题,默认标题名为"工作簿 1-Excel"。若打开的是一个已有的文件,该文件的名字就会出现在标题栏上。

(2) 功能选项卡:简称选项卡,包括文件、开始、插入、页面布局、公式、数据、审阅等,单击选项卡可以打开相应的功能区。

(3) 功能区:每个选项卡都有对应的功能区,功能区命令按钮按一定的逻辑分成若干组,目的是帮助用户能够快速找到并完成某项操作所需的命令。

(4)快速访问工具栏:一般位于窗口的左上角,通常放一些常用的命令按钮,用户可以单击自定义快速访问工具栏右边的下三角按钮,打开下拉列表,根据需要添加或删除常用选项。

(5)数据编辑区:包括名称框与编辑栏,位于功能区的下方,左边的名称框用来显示当前单元格或单元格区域的名称;右边的编辑栏用来编辑或输入当前单元格的值或公式;中间有三个工具按钮"×""√""fx",分别表示对输入数据的"取消""确认"和"插入函数"。

(6)状态栏与视图栏:窗口底部一行的左半部分为状态栏,用于显示当前操作状态的有关信息。例如,在向单元格内输入内容时,状态栏上会显示"输入";当修改当前单元格内容时,状态栏显示的是"编辑";完成输入后,状态栏就会显示"就绪"。窗口底部的右半部分是视图栏,可以将窗口切换至不同的视图模式下,共有 3 个按钮,分别是"普通""页面布局"和"分页浏览"。

9.7.3　Excel 2019 的专业术语

Excel 中有一些针对 Excel 的专用术语,为了方便用户以后的学习和操作,这里先介绍一下 Excel 的常用术语。

工作簿:一个 Excel 文件称为一个工作簿。

工作表:一个工作簿可以由多个工作表组成,默认情况下包含 3 张工作表,标签为 Sheet1、Sheet2、Sheet3。当前被打开的表为活动工作表。

单元格:一行与一列的交叉处为一个单元格,单元格是组成工作表的最小单位,用于输入各种类型的数据和公式。当前正在操作的带粗线黑框的单元格为活动单元格。

列标和行标:Excel 的行标用数字 1、2、3 等表示,共 1048576 行;列标用大写英文字母 A、B、C 等表示,共 16384 列。

单元格地址:在 Excel 中,每个单元格对应一个单元格地址(即单元格名称),用列标在前,行标在后的方式表示,如 C3。

9.8　Excel 2019 基本操作

使用 Excel 进行文件编辑操作前,首先要掌握工作簿的一些基本操作,其中包括新建工作簿、保存工作簿、打开工作簿、关闭工作簿等。

9.8.1　工作簿的基本操作

1. 新建工作簿

启动 Excel 2019 后,系统会自动创建一个名为"工作簿 1.xlsx"的新工作簿。除此之外,用户还可以通过如下 3 种方法创建新的工作簿。

方法一：选择"文件"选项卡中的"新建"命令,在如图 9-30 所示的窗口中单击"空白工作簿"按钮创建一个新的空白工作簿,或在"空白工作簿"按钮下方的模板中根据需要选择相应的模板。

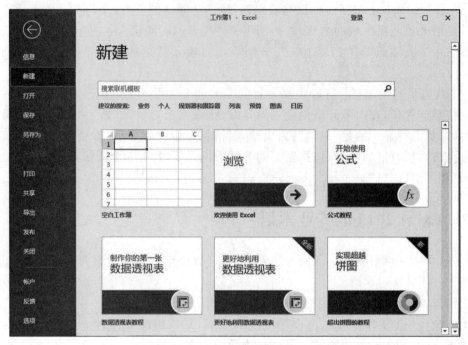

图 9-30　新建工作簿

方法二：单击自定义快速访问工具栏后的下拉按钮,在弹出的菜单中选择"新建"命令,在快速访问工具栏中便会添加"新建"按钮 ,然后单击该按钮即可创建一个新的空白工作簿。

方法三：通过组合键 Ctrl+N,也可快速创建一个新的空白工作簿。

2. 保存工作簿

对于未保存过的文件,选择"文件"选项卡中的"保存"命令,会直接跳转到"另存为"命令中,在右侧的窗口中设置保存文件的位置、文件名称和保存类型。

对于已保存过的文件,使用"文件"选项卡中的"保存"命令将直接使用原路径和原文件名对已有的工作簿进行保存。如果需要重命名修改后的工作簿,或修改工作簿的保存位置,可以选择"文件"选项卡中的"另存为"命令进行相关设置。

3. 打开工作簿

打开已保存的工作簿,可通过以下 3 种方法实现。

① 单击快速访问工具栏上的"打开"按钮 。

② 选择"文件"选项卡中的"打开"命令。

③ 找到工作簿文件所在位置,直接双击工作簿名。

4. 关闭工作簿

同时打开的工作簿越多,占用的内存空间越大。所以,当工作簿操作完成后并不再使用时,应及时将其关闭,具体有以下几种方式。

① 选择"文件"选项卡中的"关闭"命令。

② 单击工作簿窗口右上角的"关闭"按钮。

9.8.2 工作表的基本操作

1. 选择工作表

Excel 2019 版本,一个工作簿默认包括 1 张工作表。

Excel 2019 版本之前,一个工作簿默认包括 3 张工作表,在对其中的一张工作表进行操作之前,首先应该选择相应的工作表,使其成为当前工作表。当创建一个工作簿时,工作表 Sheet1 默认为当前工作表。除此之外,在工作簿的下方单击需要选择的工作表的标签也可使之成为当前工作表。

2. 插入、删除工作表

右击工作表标签,在弹出的快捷菜单中选择"插入"或"删除"命令,进行相应的操作即可插入一张新的工作表或删除被选中的工作表。

3. 移动或复制工作表

在 Excel 的操作中,用户可以根据需要对工作表的顺序进行调整,也可以对工作表进行复制,即创建一个工作表副本,具体方法如下:

右击工作表标签,在弹出的快捷菜单中选择"移动或复制"命令,打开如图 9-31 所示的"移动或复制工作表"对话框,当"建立副本"复选框被勾选时,执行的是复制操作,否则执行的是移动操作。

4. 重命名工作表

Excel 2019 在建立一个新的工作簿时,所生成的工作表都是以 Sheet1、Sheet2、…按顺序命名的。为了方便用户对工作表进行查找、移动或复制等操作,应该对使用的工作表进行重命名,常用的方法如下。

方法一:右击工作表标签,在弹出的快捷菜单中选择"重命名"命令,直接在标签上输入新的名称。

方法二:双击工作表标签,输入名称。

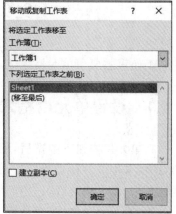

图 9-31 "移动或复制工作表"对话框

9.8.3 数据的输入

数据输入的方法有多种,下面介绍几种常用的方法。

方法一：在录入数据之前，首先选择录入数据的位置（即单元格），选中单元格后，即可在指定的单元格中进行数据的输入操作。

方法二：选中单元格后，在编辑栏中输入数据，输入的数据同时也会出现在该单元格内。

方法三：若录入的数据有一定的规律，如一行/列数据完全相同或按一定规律排序等，此时可使用自动填充功能，从而减少录入大量数据的工作量。

① 首先选中某个单元格，录入第一个数据。

② 单击该单元格，其右下角会出现一个黑方块，这个黑方块便是"填充柄"。将鼠标移动到填充柄上，鼠标指针便会变成黑色十字架✚。

③ 按住鼠标左键不放，拖动填充柄沿行或列的方向至目标区域，松开鼠标，便可看到填充效果，如图 9-32 所示。

方法四：录入有规律的数据，除了使用填充柄外，还可以使用序列填充命令自动填充。选择"开始"选项卡，单击"编辑"功能区中的"填充"下拉按钮⊡·，然后选择数据填充的方向，例如选择"向下"命令，得到填充效果。

Excel 中的序列填充功能包括日期序列、等比序列、等差序列和自动填充序列。单击"编辑"功能区中的"填充"下拉按钮，在弹出的列表中选择"系列"命令，打开"序列"对话框，在此可以设置序列产生的行或列、序列类型、步长值及终止值。

填充柄	1	2
填充柄	2	4
填充柄	3	6
填充柄	4	8
填充柄	5	10
填充柄	6	12
填充柄	7	14
填充柄	8	16
填充柄	9	18
填充柄	10	20
填充柄	11	22

图 9-32　填充柄

9.9　工作表的格式化

工作表主要由单元格组成，所以格式化工作表就是对单元格进行格式化。

9.9.1　设置单元格格式

在单元格内输入数据后，便可对其进行相应的格式设置。设置单元格格式可使用"开始"选项卡中的各项功能区按钮，包括"字体""对齐方式""数字""样式"等；除此之外，也可通过单击"单元格"功能区中的"格式"菜单下的"设置单元格格式"命令，打开如图 9-33 所示的"设置单元格格式"对话框，在其中选择不同的选项卡，进行相应的设置。

1. 设置数字格式

Excel 2019 提供了 12 种数据类型，包括数值型数据、字符型数据、日期、时间、货币、分数和科学计算等。针对不同的数据类型，可以通过"数字"选项卡进行设置。

2. 设置对齐格式

在"对齐"选项卡中，可以对单元格内数据的显示方式进行设置，分别是水平对齐、垂直对齐、文本控制和文字方向。

3. 设置字体格式

"字体"选项卡主要设置的是单元格内数据的字体、字形、字号和颜色等。

4. 设置边框和底纹

在 Excel 工作表中可以看到灰色的网格线，但在输出或打印的时候只显示单元格内的数据，这些网格线是打印不出来的。如果需要将数据的边框也打印出来，则需要对单元格加边框。

图 9-33 "设置单元格格式"对话框

9.9.2 设置条件格式

条件格式是指当选定单元格中的数据满足某个条件时，可更改其中的数据格式为指定的格式。例如，选择"开始"选项卡中的"样式"功能区，单击"条件格式"的下拉菜单，可设置某单元格区域中的数据，若大于某个数据，则设置为红色加粗；或在所有数据中，将高于平均值的数据都设置为黄色加下画线，效果如图 9-34 所示。

9.9.3 自动套用格式

在对工作表进行格式设置时，也可以将其设置成 Excel 提供的某种样式，使用户编辑的表格更专业、美观。选择"开始"选项卡中的"样式"功能区，单击"套用表格格式"和"单

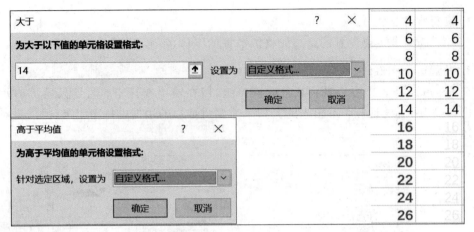

图 9-34　条件格式

元格样式"命令按钮,可分别对选定的表格和单元格进行设置。

9.10　数　据　计　算

Excel 提供了强大的数据计算功能,通过这些功能的运用,用户可以在单元格内输入公式或使用 Excel 提供的函数,对工作表中的数据进行计算、排序等操作。

9.10.1　公式

Excel 的公式由等号、运算符和操作数组成,其中操作数包括常量、单元格引用值、名称和工作表函数等。

1. 单元格引用

在使用公式进行数据计算时,最常用的是单元格引用值。例如,公式 A1＋B3－728 中引用了单元格 A1 和单元格 B3 中的值。

单元格引用是通过特定的单元格符号标识工作表上的单元格或单元格区域,指明公式中使用的数据位置。

Excel 中有 3 种不同的引用类型:相对引用、绝对引用和混合引用。它们之间既有区别,又有联系。

① 相对引用。

单元格的相对引用是指在生成公式时,对单元格或单元格区域的引用基于它们与公式单元格的相对位置,如 A1。

② 绝对引用。

单元格的绝对引用是指在生成公式时,对单元格或单元格区域的引用是单元格的绝对位置。不论包含公式的单元格处在什么位置,公式中引用的单元格位置都不会发生改变,如＄A＄1。

③ 混合引用。

混合引用是指行和列分别采用不同的引用,如 A＄1、B＄1 等形式。

2. 输入公式

输入公式以"＝"作为开始,然后再输入公式中的其他元素,如"＝A1＋2"。输入完成后按 Enter 键确认,此时计算结果即可显示在所选单元格中,同时在编辑栏中也将显示公式内容。

3. 审核公式

在 Excel 中输入的公式如果不符合正确的格式或出现其他错误内容,公式的计算结果就显示不出来,并且在单元格中会显示错误的信息。不同原因造成的公式错误,产生的结果也不一样。下面列举几个产生错误公式的样式和相应的原因。

"＃＃＃＃＃!":公式计算出的结果长度超出了单元格的宽度,只增加单元格列宽即可。

"＃DIV/0":在进行除法运算时,如果除数为 0,就会出现该错误。

"＃N/A":产生这个错误的原因,往往是输入格式不对,如缺少函数参数。

9.10.2　函数

在工作表中进行数据分析时,有时需要大量的繁杂运算,例如,要求单元格 A1 到 H1 中一系列数字之和,如果利用公式计算,则需要在单元格内输入"＝A1＋B1＋C1＋…＋H1",非常麻烦,此时可使用 Excel 提供的一些函数进行计算,对于上例,可直接输入"＝SUM(A1:H1)",其中 SUM 是函数名。

函数其实是一些预定义的公式,它们使用一些称为参数的特定数值按特定的顺序或结构进行计算,可以直接用它们对某个区域内的数值进行一系列处理。

用户要使用函数时,可以在单元格中直接输入函数,也可以使用函数向导插入函数。每个函数都由"＝"、函数名、变量构成。

1. 函数的输入

函数的输入以"＝"开头,后面是函数名,函数名后面是括号,括号中是该函数的参数。函数的输入包括手工输入、使用函数向导输入、使用函数列表输入和使用编辑栏函数按钮输入几种方式。

2. 自动求和

数据计算过程中,求和、求平均值、统计等操作是最常用的功能,Excel 提供了一个自动求和的工具,可以帮助用户快速进行这些运算。

在"开始"选项卡的"编辑"功能区中,单击"自动求和"按钮 Σ 的下拉菜单,在其中可以看到"求和""平均值""计数"等命令,根据需求选择相应命令后,出现图 9-35,在单元格区域中确

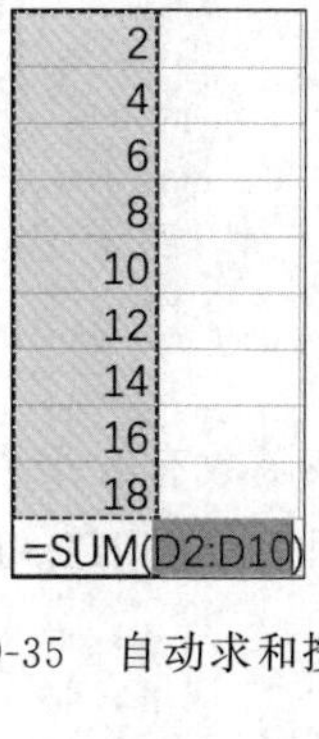

| 2 |
| 4 |
| 6 |
| 8 |
| 10 |
| 12 |
| 14 |
| 16 |
| 18 |
| =SUM(D2:D10) |

图 9-35　自动求和按钮

定操作数,然后按 Enter 键即可完成操作。

3. 常用函数的介绍

Excel 2019 提供了几百个预定义的函数供用户使用,包括数学和三角函数、文本函数、财务函数、逻辑函数、日期和时间函数等。常用的函数有如下几类。

① 求和函数 SUM()。

该函数用于计算各参数的和,参数通常是一个单元格区域,还可以表示为更复杂的内容。

② 计数函数 COUNT()。

该函数用于计算指定范围内包含数值型数据的总数。

③ 平均值函数 AVERGER()。

该函数用于计算各参数的平均值。

④ 最大值和最小值函数 MAX()和 MIN()。

这两个函数用于计算各参数中的最大值和最小值。

⑤ 条件函数 IF()。

该函数用来依据指定单元格的值得出新值。选择"开始"选项卡中的"编辑"功能区,在"自动求和"按钮 Σ· 的下拉菜单中选择"其他函数"命令,打开如图 9-36 所示的"插入函数"对话框,在"选择函数"列表中找到 IF()函数,单击"确定"按钮,便可打开如图 9-37 所示的"函数参数"对话框。

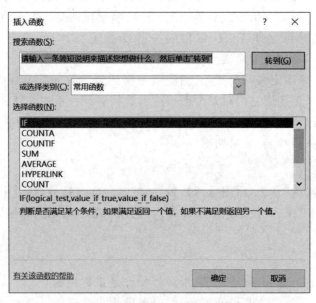

图 9-36 "插入函数"对话框

该函数有 3 个参数,根据 Logical_test 中输入的条件进行判断,如果指定条件为真,则返回 Value_if_true 中的值,否则返回 Value_if_false 中的值。

图 9-37 "函数参数"对话框

9.11　数据分析与管理

9.11.1　数据排序

在工作表中,用户可以按照一定的需求对数据进行排序。在对数据进行排序时,Excel 将利用指定的排序顺序重新排列行、列或单元格。排序时可按单个字段,也可按多个字段进行。

1. 简单排序

选定待排序列中的任意单元格后,选择"开始"选项卡中的"编辑"功能区,单击"排序和筛选"按钮,在下拉列表中通过"升序"或"降序"命令可以对工作表进行排序操作。

2. 自定义排序

当在操作过程中需要按多个字段进行排序时,可使用"自定义排序"。选定待排序列后,同样在"开始"选项卡中的"编辑"功能区,单击"排序和筛选"按钮,在下拉列表中单击"自定义排序"命令,打开如图 9-38 所示的"排序"对话框,通过"添加条件"按钮可增加多个字段。

图 9-38　"排序"对话框

9.11.2　数据筛选

若要将符合一定条件的数据记录显示或放置在一起，可以使用 Excel 提供的数据筛选功能，按一定的条件对数据记录进行筛选。使用数据筛选功能可以从庞大的数据中选择某些符合条件的数据，并隐藏无用的数据，从而减少数据量，易于查看。

Excel 2019 提供了两种数据筛选方式：一种是简单的"自动筛选"；另一种是复杂的"高级筛选"。

1. 自动筛选

在进行筛选的单元格区域中选定任意单元格，然后选择"数据"选项卡中的"排序和筛选"功能区，单击"筛选"按钮 ，单元格区域就会变成如图 9-39 所示的格式。每列的字段名右边会出现一个下拉按钮，单击该下拉按钮，会弹出相应的下拉菜单，在列表中可对数据进行各种方式的自动筛选。

学号	姓名	性别	平时成绩	期中成绩	期末成绩
99010001	张华	女	85	90	80
99010002	江成	男	95	88	90
99010003	汪海	男	65	85	85
99010004	王建国	男	71	79	96
99010005	李明	女	66	68	78
99010006	张路	女	56	90	80
99010007	陈建国	男	98	56	89

图 9-39　自动筛选

2. 高级筛选

当涉及复杂的筛选条件时，通过"自动筛选"功能往往不能满足筛选需求，这时用户可以使用"高级筛选"功能设置多个条件，对数据进行筛选操作。

高级筛选的方法：首先在工作表的空白处输入筛选条件，如图 9-40 所示，然后选定单元格区域内的任一单元格，选择"数据"选项卡中的"排序和筛选"功能区，单击"高级"按钮，在弹出的"高级筛选"对话框中进行相关设置，单击"确定"按钮便可完成操作，如图 9-41 所示。

性别	期末成绩
女	>=90

图 9-40　高级筛选条件　　　　图 9-41　高级筛选"对话框

9.11.3 分类汇总

分类汇总是指根据某一列数据将所有记录分类,并对各类数据进行统计计算。分类汇总的步骤如下:

① 在进行分类汇总之前,要对数据项按分类字段进行排序。例如,要对某班级根据男女生进行分类汇总,这时需要使用"性别"列对数据排序。

② 排序后,选定单元格区域内的任意单元格,选择"数据"选项卡中的"分级显示"功能区,单击"分类汇总"按钮,打开如图 9-42 所示的对话框,进行相关设置后,单击"确定"按钮即可。

图 9-42 "分类汇总"对话框

③ 若要删除创建好的分类汇总,在图 9-42 中单击"全部删除"按钮即可恢复到分类汇总前的状态。

9.12 图   表

Excel 可将工作表中的数据以图表的形式表示,使用户可以更直观地分析数据。

9.12.1 图表的概述

当生成图表时,图表中自动表示出工作表中的数值。图表与生成它们的工作表数据相连接,当修改工作表数据时,图表也会更新。Excel 2019 中提供了 17 种图表类型。下面介绍常用的几种图表。

柱形图:用 x 轴和 y 轴描述数据,用于比较一段时间中两个或多个项目的相对大小。

折线图:一般用来描述一段时间内数据变化的趋势。

饼图:当用户希望看到部分数据与整体数据的关系时,可用饼图表示。

9.12.2　创建图表

图表是根据工作表中的数据生成的,所以在创建图表之前,需要先确定数据源区域,然后单击"插入"选项卡,在"图表"功能区选择一种图表类型,如"二维柱形图"中的"簇状柱形图",效果如图 9-43 所示。

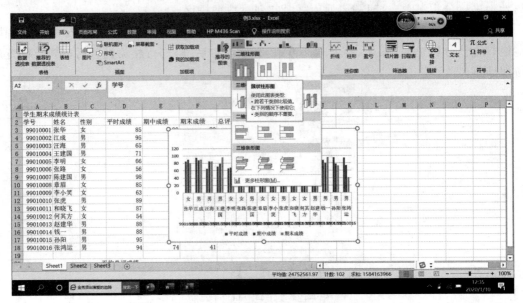

图 9-43　"簇状柱形图"示例图

9.12.3　编辑图表

当用户在 Excel 中创建图表后,可以根据实际需要调整图表的位置和大小,以及添加和删除图表数据等。

单击图表后,选项卡区域便会出现"图表工具-设计"和"图表工具-格式"选项卡。在"图表工具-设计"选项卡中,可以对图表布局、图表样式、图表数据、图表类型及位置等进行设置;在"图表工具-格式"选项卡中,可以对图表填充及轮廓等外观进行设置。

9.13　演示文稿 PowerPoint 2019

PowerPoint 2019 是一款优秀的演示文稿和制作软件,它能将文本、图形、声音、动画等多媒体信息结合起来,把用户的思想生动明快地展现出来。

9.13.1 PowerPoint 2019 的新功能

相对于 PowerPoint 2013，PowerPoint 2019 新增了许多功能，可以帮助用户更好地完成工作。

1. 主题色新增彩色和黑色

PowerPoint 2019 在原有的白色和深灰色 Office 主题上新增了彩色和黑色两种主题色。

2. 丰富的 Office 主题

PowerPoint 2019 在 PowerPoint 2013 版本的基础上新增了 10 多种主题，如图 9-44 所示。

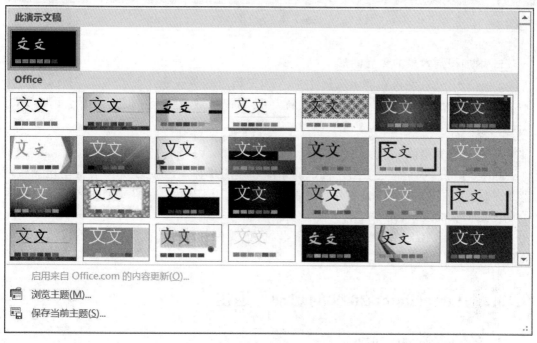

图 9-44　PowerPoint 2019 的主题

3. 屏幕录制

PowerPoint 2019 提供了屏幕录制功能，通过该功能可以录制计算机屏幕中的任何内容。在"插入"选项卡中单击"媒体"功能区中的"屏幕录制"按钮，效果如图 9-45 所示。

4. 文本荧光笔

PowerPoint 2019 推出了与 Word 中的文本荧光笔相似的功能，可以选取不同的高亮颜色，以便对演示文稿中的某些文本部分加以强调。

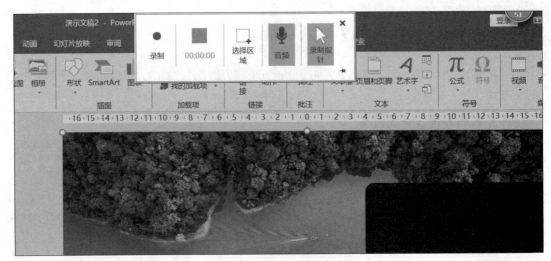

图 9-45　录制视频

5. 增加视觉效果的矢量图形

PowerPoint2019 可在演示文稿中插入和编辑可缩放矢量图形（SVG）图像,创建清晰、精心设计的内容。SVG 图像可以重新着色,且缩放或调整大小时丝毫不会影响 SVG 图像的质量。

6. 简化背景消除

PowerPoint2019 简化了图片背景的删除和编辑操作。PowerPoint 会自动检测常规背景区域,无须再在图片的前景周围绘制一个矩形。用于标记保留或删除区域的铅笔可绘制任意形状的线条,而不仅限于直线。

还可使用铅笔绘制任意形状的线条,以标记要保留或删除的区域,而不仅限于绘制直线。

9.13.2　PowerPoint 2019 的启动与退出

1. 启动 PowerPoint 2019

启动 PowerPoint 2019 的方法主要有以下两种。

① 通过"开始"菜单启动。选择"开始"→"所有程序"→Microsoft Office→Microsoft Office PowerPoint 2019。

② 双击桌面上的快捷图标 PowerPoint 2019。

2. 退出 PowerPoint 2019

退出 PowerPoint 2019 的方法有如下 3 种。

① 单击 PowerPoint 2019 窗口右上角的"关闭"按钮。

② 选择"文件"菜单中的"关闭"命令。

③ 按组合键 Alt＋F4。

9.13.3 PowerPoint 2019 的工作界面

PowerPoint 2019 的工作界面如图 9-46 所示。由标题栏、快速访问工具栏、功能区与选项卡、幻灯片编辑区、缩略图、状态栏等组成。

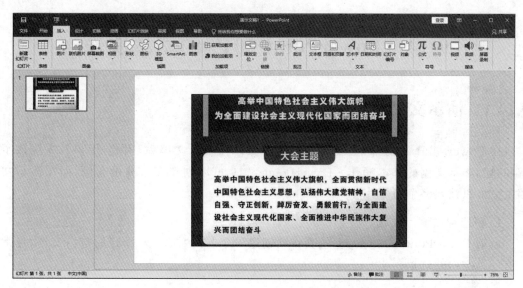

图 9-46 PowerPoint 2019 的工作界面

（1）标题栏：用于显示正在编辑的文档的名称和软件名，默认以"演示文稿 1"命名。

（2）快速访问工具栏：位于窗口的左上角，通常放一些常用的命令按钮，单击右下角的三角，可在打开的列表中进行常用按钮的添加或删除操作。

（3）功能区与选项卡：选择不同的选项卡，功能区中将展示各种功能按钮。

（4）幻灯片编辑区：又称"工作区"，在这里可以对幻灯片进行各种操作，如输入文字、插入图片等。工作区一次只能显示一张幻灯片的内容。

（5）缩略图：这里可显示所有幻灯片的排列结构，每张幻灯片前面都会显示对应编号。单击这个区域中不同幻灯片，可实现工作区中的幻灯片的切换。

（6）状态栏：位于窗口的最下方。状态栏的左侧显示的是整个文档包含的幻灯片数量；右侧有几个视图切换按钮，可以实现不同视图方式的切换。

9.13.4 PowerPoint 2019 的视图

PowerPoint 2019 提供了普通视图、大纲视图、幻灯片浏览、备注页视图、阅读视图共 5 种视图方式。

普通视图：最常用的一种视图方式，几乎所有编辑操作都可在普通视图下进行。

大纲视图：大纲视图同普通视图的区别是"缩略图"区域的显示方式，普通视图显示的是幻灯片外观，大纲视图则显示的是文章标题。

幻灯片浏览：通过幻灯片浏览可以查看幻灯片的整体设计，还可以改变幻灯片的先后顺序，进行删除幻灯片等操作。

备注页视图：备注页视图用于显示和编辑备注内容，正文内容不可编辑。

阅读视图：阅读视图以窗口形式查看幻灯片制作完成后放映的效果。若要退出阅读视图，则需要按 ESC 键。

9.14　PowerPoint 2019 的基本操作

9.14.1　演示文稿的基本操作

在 PowerPoint 2019 中，创建的幻灯片都保存在演示文稿中，因此，用户首先应该了解和熟悉演示文稿的基本操作。PowerPoint 2019 可以创建多个演示文稿，而在演示文稿中又可以插入多个幻灯片。

1. 新建空白演示文稿

启动 PowerPoint 2019 后，系统会自动创建一个名为"演示文稿 1"的空白文档，且默认有一张空白幻灯片。

2. 根据模板新建演示文稿

PowerPoint 2019 为用户提供了许多模板，根据已有模板可快速创建各种类型的演示文稿。其创建方法如下。

单击"文件"选项卡，在打开的菜单中选择"新建"命令，在如图 9-47 所示的选项组中选择一种模板，在弹出的窗口中单击"创建"按钮。

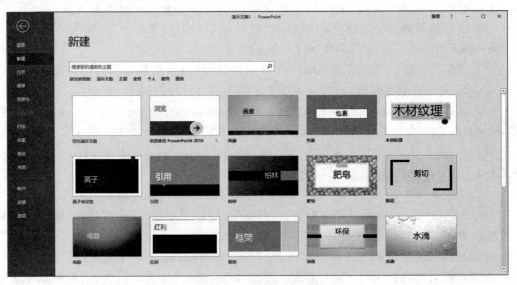

图 9-47　新建演示文稿

3. 打开演示文稿

对于已经存在的演示文稿,当需要查看或编辑时,可单击"文件"选项卡,选择"打开"命令,在右侧窗口中通过设置路径找到该文档位置,双击该文档名即可。

4. 保存演示文稿

在制作演示文稿的过程中,需要一边制作一边保存,这样可以避免因为意外情况而丢失正在制作的文稿。其保存方法与 Word 类似,单击"文件"选项卡中的"保存"按钮即可。

9.14.2　幻灯片的基本操作

1. 选择幻灯片

在对幻灯片进行操作之前,需要先选中幻灯片,具体有如下 3 种方法。

① 选择单张幻灯片:单击需要选择的幻灯片。

② 选择多张不连续幻灯片:按住 Ctrl 键的同时单击需要选择的幻灯片。

③ 选择多张连续幻灯片:先选中第一张幻灯片,按住 Shift 键,然后单击最后一张幻灯片。

2. 添加新幻灯片

新建的演示文稿中默认只包含一张幻灯片,需要用户自己添加更多的幻灯片,才能展开丰富的内容。

在"开始"选项卡的"幻灯片"功能组中单击"新建幻灯片"按钮,即可弹出一个下拉菜单,在其中可以选择需要的幻灯片版式。

PowerPoint2019 提供了多种版式,用户可以根据不同的需求选择适合的版式,从而提高排版效率。

3. 删除幻灯片

首先在左侧缩略图窗格选中待删除的幻灯片,然后单击鼠标右键,在弹出的快捷菜单中选择"删除幻灯片"命令便可删除。

4. 移动幻灯片

移动幻灯片会改变幻灯片的位置,影响整体放映的先后顺序,可直接通过鼠标拖动缩略图改变幻灯片的位置。

9.15　美化演示文稿

9.15.1　应用主题

通过设置幻灯片的主题,可以快速更改整个演示文稿的外观,而不影响内容。

PowerPoint 2019 的"设计"选项卡中包括了"主题"和"变体"功能区。"主题"功能区中包含的是系统预置的一些主题,可供用户直接选择使用;选定某一主题后,还可以通过"变体"功能区对主题的颜色、字体、效果等进行设置。

9.15.2　演示文稿的母版设计

母版是 PowerPoint 中的一种特殊的幻灯片,用于控制演示文稿中各幻灯片的某些共有的格式(如文本格式、背景格式)或对象。

母版有"幻灯片母版""讲义母版""备注母版",下面介绍常用的"幻灯片母版"。

选择"视图"选项卡,单击"母版视图"功能组中的"幻灯片母版"按钮,即可进入幻灯片母版编辑环境,如图 9-48 所示。母版视图不会显示幻灯片的具体内容,只显示版本及占位符。

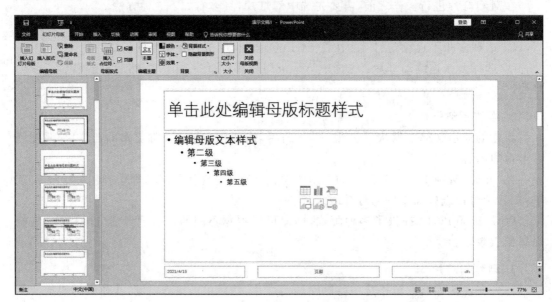

图 9-48　编辑幻灯片母版

9.16　幻灯片的演示

为了丰富演示文稿的播放效果,用户可以为幻灯片的某些对象设置一些特殊的动画效果。

9.16.1　对象动画

PowerPoint 中的对象动画效果主要分为进入、强调、退出和动作路径四大类,分别是对象进入幻灯片时所采用的动画效果、利用动画效果强调某些文字或对象、退出幻灯片时的动画效果和为动画添加按照预置路径或自定义路径运动的动画效果。

9.16.2 设置动画效果

首先选择要设置动画的对象，然后在"动画"选项卡的"动画"功能组中选择一种动画效果，如"飞入"效果，单击"预览"按钮，可以预览动画效果。

单击"高级动画"功能组中的"动画窗格"按钮，窗口右侧出现"动画窗格"，在其中可对所有动画进行排序。

9.16.3 设置放映方式

如果在放映幻灯片时用户的要求较高，则可以对幻灯片放映进行一些特殊设置。打开需要设置的演示文稿，选择"幻灯片放映"选项卡，单击"设置"功能组中的"设置幻灯片放映"按钮，打开"设置放映方式"对话框即可。

9.16.4 放映幻灯片

编辑完演示文稿，并对放映做好各项设置后，即可开始放映演示文稿。在放映过程中须进行换页等各种控制，并可将鼠标用作绘图笔进行标注。

本 章 小 结

1. Word 的工作界面包括标题栏、快速访问工具栏、功能选项卡、功能区、文档编辑区、状态栏等。

2. Word 的版式设计包括字体格式设置、段落格式设置、项目符号和编号设置、边框和底纹设置、分栏设置、页眉/页脚设置等。

3. 在 Word 文档内可以插入图片、形状、艺术字、文本框、SmartArt 图形，并可以对这些元素进行设置。

4. 在 Word 中可以设置表格的属性、单元格的对齐方式、边框和底纹等，可以插入、删除行或列，合并和拆分单元格，并且可以对表格中的数据进行排序、计算等。

5. Excel 的工作界面包括快速访问工具栏、标题栏、功能区、名称框、编辑栏、工作表编辑区等。

6. 新建的 Excel 称为工作簿。默认情况下，一张工作簿有 3 张工作表，用户可以进行增添或删除操作。一张工作表由许多单元格组成，单元格所在的位置用行与列共同标记，行号用阿拉伯数字表示，列号用大写英文字母序列表示，列号在前，行号在后。

7. Excel 除可以进行基本的数字格式、对齐格式、字体格式、边框和底纹设置外，还可以进行条件格式的设置。

8. Excel 有强大的计算功能,提供了几百个函数,常用的函数有 SUM( )、COUNT( )、AVERAGE( )、MAX( )、MIN( )、IF( )等。

9. 在 Excel 中,可以对数据进行排序、筛选、分类汇总等。

10. Excel 中的图表包括饼图、折线图、柱形图等,用户可以对生成的图表进行美化与修改。

11. PowerPoint 的工作界面包括标题栏、快速访问工具栏、功能区与选项卡、幻灯片编辑区、缩略图、状态栏等。

12. PowerPoint 提供了普通视图、大纲视图、幻灯片浏览、备注页视图、阅读视图共 5 种视图方式。

13. 在演示文稿的幻灯片内可以插入文本、形状、图片、公式、SmartArt 图形、视频或音频等多种应用对象,也可以对应用对象设置动画效果。

14. 通过设置幻灯片的主题,可以快速更改整个演示文稿的外观,而不影响内容。

15. 幻灯片放映方式包括手动放映和自动放映。

习　　题

一、单项选择题

1. Word 2019 文档的后缀名是(　　)。
   A. mp3　　　　　　B. doc　　　　　　C. docx　　　　　　D. gif

2. 在 Word 2019 文档中可以插入的对象是(　　)。
   A. 表格　　　　　　B. 文本框　　　　　C. 文字　　　　　　D. 以上都对

3. Excel 2019 文档的后缀名是(　　)。
   A. doc　　　　　　B. xls　　　　　　C. xlsx　　　　　　D. exe

4. 在 Excel 2019 中可以输入的对象是(　　)。
   A. 文字　　　　　　B. 数字　　　　　　C. 日期与时间　　　　D. 以上都对

5. 在 Excel 2019 中,最小的操作对象是(　　)。
   A. 单元格　　　　　B. 工作表　　　　　C. 若干行　　　　　D. 若干列

6. 在 Excel 2019 中,C3:D4 包括的单元格分别是(　　)。
   A. C3,D4　　　　　B. C3,C4,D4　　　　C. C3,C4,D3,D4　　　D. C3,C4,D3

7. 求最小值的函数是(　　)。
   A. MAX( )　　　　　B. INT( )　　　　　C. MIN( )　　　　　D. IF( )

8. PowerPoint 2019 文档的后缀名是(　　)。
   A. docx　　　　　　B. pptx　　　　　　C. xlsx　　　　　　D. ppt

9. PowerPoint 2019 是一种(　　)软件。
   A. 电子表格处理　　　B. 图像处理　　　　C. 文字处理　　　　D. 演示文稿

10. 以下不属于动画基本类型的是(　　)。
    A. 进入　　　　　　B. 退出　　　　　　C. 强调　　　　　　D. 效果选项

二、填空题

1. 段落的对齐方式包括 _____、_____、_____、_____。

2. 在 Word 2019 中,系统默认的纸张大小是_____ 。

3. 当用户想更改文档保存的名称和路径时,可以单击_____选项卡中的"另存为"按钮。

4. 若 A1、A2、B1、B2 四个单元格数据分别是 90、88、92、89,若用最大值函数表示,则结果为_____。

5. 单元格的列号用_____表示,行号用_____表示,如 D9 代表第_____行第_____列。

6. 在工作表的 A1、B2 单元格内分别输入 3、4,在工作表的 F11 内输入 100,在 B1 单元格内输入公式:=＄F＄11＊A1 后,显示的结果为_____。当把该公式复制到 B2 单元格内,则显示的结果为_____。

7. 在 PowerPoint 2019 _____视图下,用户可以看到幻灯片/大纲窗格、幻灯片编辑区以及备注信息。

参 考 文 献

[1] 徐士良.全国计算机等级考试二级教程——公共基础知识(2020年版)[M].北京:高等教育出版社,2019.

[2] 杜晔.全国计算机等级考试一级教程——网络安全素质教育(2020年版)[M].北京:高等教育出版社,2020.

[3] 张建忠,吴英,刘立新,等.全国计算机等级考试四级教程——计算机网络(2020年版)[M].北京:高等教育出版社,2020.

[4] 郑雪峰,赵海春,郑榕.全国计算机等级考试四级教程——计算机组成与接口(2020年版)[M].北京:高等教育出版社,2020.

[5] 陈向群.全国计算机等级考试四级教程——操作系统原理(2020年版)[M].北京:高等教育出版社,2020.

[6] 贾春福.全国计算机等级考试三级教程——信息安全技术(2020年版)[M].北京:高等教育出版社,2020.

[7] 袁春风,余子濠.计算机系统基础[M].2版.北京:机械工业出版社,2019.

[8] 陈卓然,郑月锋,杨久婷,等.计算机应用基础任务驱动教程[M].北京:清华大学出版社,2018.

[9] Randal E Bryant,David R O'Hallaron.深入理解计算机系统[M].龚奕利,贺莲,译.北京:机械工业出版社,2016

[10] Alfred V Aho,Jeffrey D Ullman.计算机科学的基础[M].傅尔也,译.北京:人民邮电出版社,2013.

[11] 矢泽久雄.计算机是怎样跑起来的[M].胡屹,译.北京:人民邮电出版社,2015.

[12] David A Patterson,John L Hennessy.计算机组成与设计:硬件/软件接口[M].5版.王党辉,康继昌,安建峰,译.北京:机械工业出版社,2015.

[13] William Stallings.操作系统——精髓与设计原理[M].8版.陈向群,陈渝,译.北京:电子工业出版社,2017.

[14] 李暾,毛晓光,刘万伟,等.大学计算机基础[M].3版.北京:清华大学出版社,2018.

[15] 袁芳,王兵.计算机导论[M].4版.北京:清华大学出版社,2020.

[16] 刘四清,徐详征.计算机网络技术基础教材[M].2版.北京:清华大学出版社,2019.

[17] 战德臣,聂兰顺.大学计算机:计算与信息素养[M].2版.北京:高等教育出版社,2014.

[18] Andrew S Tanenbaum,Herbert Bos.现代操作系统.[M].陈向群,马洪兵,译.北京:机械工业出版社,2017.

[19] 王珊,萨师煊.数据库概论[M].5版.北京:高等教育出版社,2014.

[20] 储岳中.大学计算机基础[M].北京:高等教育出版社,2018.

[21] 殷士勇.计算机操作系统[M].2版.北京:清华大学出版社,2019.

[22] 吴飞燕,贺杰.多媒体技术基础案例教程[M].西安:西安电子科技大学出版社,2018.

[23] 赵子江.多媒体技术应用教程[M].北京:机械工业出版社,2017.

图 书 资 源 支 持

感谢您一直以来对清华版图书的支持和爱护。为了配合本书的使用，本书提供配套的资源，有需求的读者请扫描下方的"书圈"微信公众号二维码，在图书专区下载，也可以拨打电话或发送电子邮件咨询。

如果您在使用本书的过程中遇到了什么问题，或者有相关图书出版计划，也请您发邮件告诉我们，以便我们更好地为您服务。

我们的联系方式：

清华大学出版社计算机与信息分社网站：https://www.shuimushuhui.com/

地　　址：北京市海淀区双清路学研大厦 A 座 714

邮　　编：100084

电　　话：010-83470236　　010-83470237

客服邮箱：2301891038@qq.com

QQ：2301891038（请写明您的单位和姓名）

资源下载：关注公众号"书圈"下载配套资源。

资源下载、样书申请

书圈

图书案例

清华计算机学堂

观看课程直播